JN061340

健康経営シフト

土壌と農業との密接なかかわりが、
生態系回復と健康経営を誘引

野澤宗二郎［著］

日本地域社会研究所　コミュニティ・ブックス

はじめに

生物にとって日々の暮らしは、同じサイクルが当然のごとく繰り返されていると考えられがちだが、実際には、常に微妙な変化に対応しながら過ごしていることに気づかされる。そのことは、宇宙空間の原則に支配されている時間の経緯は、大きなリズムそのものであることが否定できないものの、身近な現象などを注意深く観察してみると、常に新たな事態に直面していることから納得できる。生きていることは、成長と衰退の繰り返しであっても、同じ条件が反復されることは、厳密にはあり得ないことに行き着く。そんな微妙な違いがあるとしても、個別に努力を重ねることで中身を成長させ、思考の充実や行動スタイルが形成されると言い換えることができるのではないか。もしくは、時間の積み重ねが生物の意識を組み立て、とりわけ親からの遺伝子に加え、その後の経験値が人格を形成し良識の幅と特性等々を高め、いわゆる個性が確立していくと解釈できるのではないか。

しかも、その間の限りない各種の出会いがベースとなり、生き様や社会活動に参画する筋道が組み立てられていく。とくに多面的な学びから思考パターンや自意識が育まれ、行動体系が形作られ日常生活に大きな影響を及ぼすことになる。それでも現実は、安住の場所を見つけ出すまでの悩みや試行錯誤が、何かにつけ立ちはだかることが多く精神的負担も容易ではない。その底流には、どんな場面にも競争という関係性から逃れられない、共通の宿命が待ち受けている。もちろん、受け止め方の違いはあるものの、無意識的に他者との競争関係や比較優位の作用が火花を散らし、そのため止むことのない葛藤やジレンマが付きまとい、内面的な不安に悩まされることが多い。しかし反面で、競争があることで襟を正し成長と持続性が担保されるという、別の利点も見落とすことはできない。その間にも止まることのない成長のプロセスこそ、より良き形を求めたいとする欲求へと繋がっていく。さらには、各種の経験値が増すことで意識構造の転換やニーズの変化に伴い、これまで以上の合理的行動や平等感の認識、人権尊重などさらなる成熟化が促進され、新たな時代への階段をよじ登っていくプロセスが確立していくのだと、受け止めることができる。

複雑性という提起もまさに一つの通過点であり、やがて次へのバトンタッチが行なわれるときが必ず巡ってくる。思考の転換こそ人類の歩みが途絶えない限り、付帯的に付きまとう避けられないテーマであるからに他ならない。本書ではここから始まり、さらに専門性と役割分担や生命論、循環型社会と比較優位など、進化しながらマネジメント文化がどのように進展していくのか触れてみた。

最後は、このところにわかに、組織で働く人が快適に働ける環境を目指す、健康経営という提言が目につくようになってきた。効率一辺倒の経営体制に対するアンチテーゼとして、もしくは時代的要請的論点は急速に高まっている背景が見えてくる。しかしここでは、健康経営を健康寿命との観点並びに地球の自然環境悪化を防ぐことの重要性こそ、早急の重要課題であること。さらに、農業の工業化指向から自然農業（不起耕農業）への回帰による土壌の再生。同時に樹木や植生の回復の促進により炭素の増加を防ぎ、地球本来の自然環境を取り戻すこと。これらの視点を加味したものが、いわゆる健康経営であるとして組み立ててみた。

まさに、従来型の経営論はもとより、新たな時代的要請に基づき取り組まなければならない直近の重大な課題として、国際的な協調プロセスに基づき対応が求められる。簡単なテーマではないけれど、地球のグリーン化こそ、人類に課せられた崇高な使命として前進させたいものだ。

目次

目次

1　複雑性思考の原点

これまで、世界的に多様な分野にわたり注目を集めてきた「サンタフェ研究所」とは、1984年アメリカ・サンタフェに非営利組織として設立された「複雑系研究」の世界的なメッカである。その広範な活動と付帯的影響力は、国際的につとに知れ渡った存在となり、今日に至るも波及的成果は計り知れないものがある。その動向と波及力などに関して、要約的にアプローチしてみたい。まず、この研究所設立の当初の狙いは、「科学と数学を通じて物事の複雑さ」を研究する研究者のネットワークが目的とされ、実際はさらに広範な研究分野を巻き込み、学際的な研究活動が続けられている点が、他の研究機関には見られない斬新さのゆえんとみなされている。

当初、これらの動向が明らかにされたとき、それまでほとんど聞くことがなかった「複雑系」または「複雑性」という表現が、ここから世界に向けて発信されたことで衆目を集め、関係領域はもとよりその他幅広い分野にまたがり、瞬く間に急速な広がりを見せた。とくに、従来とは異質な問題提起や意識転換を促すきっかけとなり、関連用語などが真新しく、干(ひ)あがった砂漠に雷雨による雨水が浸透するかの如く、瞬く間に裾野が広がったと言っても過言ではない。ポリシーとして科学と数学を通じてと紹介されているものの、それ以上に物理学や生物学、経済経営活動、心理学などを含めた、いわゆる社会科学までの広い分野にまで及んでいることに、重要な意義を感じ取ることができる。

それまでは、社会生活全般にかかわる事態の究明や思考パターンに至る体制的で保守的、いわゆる伝統を守り直線的思考を中心にした捉え方が当然視され幅を利かし、多くの場面で日常的に受け入れられ権威付けとなり、定型的な思考パターンとする流れが主流であった。まさに川の水が上流から下流に流れるのが常識とするごとく、あるいは大方の物事が上から下に指示・通達されるパターンが定着していたことに、さして疑念を持たれないまま既成概念的に認知されてきた、長い歴史的・社会的風潮が見え隠れしていた状況が浮かんでくる。

そのことが、世の中の常識的認識であり正しい方向であるとして、さして疑念を持たれないまま追認されてきた動向に対して、広範な領域に関して大胆な変革を迫る提案でもあったのだ。とくに、直線的思考にプラスして曲線的思考を加味して、新たな考察プロセスを組み立て定義づけようとする、斬新なパターンへの挑戦とも考えられていた。言い換えれば、長い間直線的思考による一方的な理論等が罷り通り、さらに抽象的で権威主義的な思考が繰り返されていた。融通性と弾力性に欠けた認識に対する大胆な提案でもあったのだ。まさに、社会生活全般にわたる固定観念打開と改革への期待感など、時代のニーズを先取りする試みでもあったと考えられる。

同時に、現実の多様な生物の行動形態と特徴からして、いつまでも固定的判断基準に委ねること自体、安易であることに気づき始めたことだ。さらに、物事に対する状況認識の複雑さと難しさ、それに加えて科学技術の発展に伴う社会的ニーズの展望等も含めた、前向きな対応の重要性への幕開けでもあった。また、新たな論理思考に裏付けされた現状転換と、枠組みにとらわれない刺激的な方向付けへの対応策でもあったのだ。しかも、それ以上に宇宙全体が変化や進化という無意識的な原理原則に支配され左右されているとする大前提から、永続的に逃れることができない視点と認識に対して、広範なプログラムを組み立てる試みでもあったのだ。

さらに、宇宙空間からの圧力に支配されている事実から、最終的には逃れることができない、目前の巨大な壁という制約を無視できない視点の確認でもあった。同時に、複合的な要因に取り囲まれ対処しなければならず、その上、絶対的な環境サイクルには逆らえない動静に対処したいとする、斬新な提案でもあったと解釈することができる。言葉を変えれば、無意識的な進化こそ積み重ねられた変化対応そのものであり、人類発展の歴史も、当然にその範疇から逸脱できないことを裏付けている。今日の便利な生活全般や飛行機に乗り、電気を使いモバイル機器で誰とでも会話できるハイレベルな技術革新など、枚挙にいとまがないほどの進化は、複雑系思考の代表的なケースでもある。また、単純よりも複合的、権威よりもより合理的、地球環境のサスティナビリティー、男女同一権利からダイバシティー等々、複雑系思考による延長線上の成果として認識することができる。そのことが、今日の高度な技術革新と情報通信時代への、先駆け的役割と重なってくる。

ともあれ、サンタフェ研究所が世界的に有名となったのは、研究者や学問全体を取り込み新たな世界観を構築する試みが始まった発信地であると、解釈することができるだろう。当然、意味づけは分野別や人により相違があるものの、たとえば、複雑系という言葉は、「比較的単純な規則に従って相互作用する、多数の単純な主体から構成されるもの」という意味でもある。また、複雑系の数学によれば、たとえ構成要素が単純であっても、それらを組み合わせた系は、個々の主体や規則からは窺い知れない複雑な「創発的」振る舞いをすることが多い（『数学で生命の謎を解く』イアン・スチュアート著、水谷淳訳、ＳＢクリエイティブ）との指摘からもくみ取ることができる。

ただし、これまでのような、アメリカファースト意識には予想外の保守的要素を含んでおり、何事も常に革新的ですべてがチャレンジ精神旺盛だろうと受け止めるのは、無理があることを知ることになる。また、世界一の大国にもイデオロギーの違いや極端な人権問題、銃規制など、意外性のアキレス腱を抱えている。やはり、人が関係することは何事も簡単には事は進まない。誰もが自身が所属する分野ごとのドグマを最善とする強い固定観念があるため、他の分野の動向や関係性にあまり関心を持ちたがらない性癖となり、その点を単純に見過ごしてしまう怖さは、現実の事態に関して改善のテーマが次々に現れることを物語っている。もちろん、分野別に専門性を高めることに集中することは当然だとしても、それだけでは済まされず、新たな課題を解決するには、横の連携により貴重なエネルギーの有効活用や対極にある自然環境の保護など、より複雑な要件に対処し克服しなければならない。それこそ、時代的変化に伴い派生するテーマに対処するには、最善の解決策を常に追い求める宿命から、逃避することはできないからである。

さらには、もはや従来の分野別の専門性に線引きをすることだけでは、ベターな選択肢を開拓できないことに気づかされる。それよりも、他の分野との距離感を意識するのではなく、柔軟で複合的重なり合いと相互の協調関係なしには、相乗効果も生まれず高度な科学技術も進展しないことが明白となり、その成果は、時代的変化の流れを正面から受け止め進化してきたことに表れている。結果的に、後退ではなく改革こそ欠かせない必須の要件であることが加速度的に追認され、局面ごとに随時対処してきたプロセスに、大きな意義を見出すことができる。

目を転じてみると、樹木の世界に関しても、地上からは見ることができない地下空間を最大限活用し、膨大な根を張り巡らし無数の微生物などと横の連携を取りながら助け合ったり戦ったりし、さらに、気候変動へのかかわりなど最善の手段を選択し種の保存に努めていると言われている。それに比べ、地上における物事は、競争による結果が、表面的には最良の形として判断され評価されることが多い点に、大きな違いが感じられる。ただし、モノづくりもビジネス活動も日常生活も、最後は、それなりにまとまった形に集約されていくものだと解釈することができる。これは、宇宙空間における変化現象に誘導され、この世のすべての事柄がどこまでも関係性を保ち流転し、抜け出すことはできない宿命を帯びていることが、いみじくも物語っている。

まさに、解明困難で複雑怪奇な宇宙現象こそ単純に流転するのではなく、いくつもの科学的変化が組み合わさって進行し、悠久の時を流れて現在に引き継がれている。これらの詳細は、遠い将来人類が消滅する時を迎えたとしても、究明は夢のままで終わることだろう。それでも、とりわけ地球上で生活しているヒトと他の膨大な生物にとって、あるいはすべての物体にとっても日々刻々と変化する関係性に限りなく近づけようとする意識は、時間の流れが止まらない限り、脈々と続けられていくはずである。

これらの連動性に基づき、最先端を行く科学技術の研究に必要な要件を解明するには、物理や数学と生物学、そして生命科学や遺伝子、経済学などの専門家が集まり縦型のタコつぼ的思考を脱し、横断型の曲線的思考中心のパターンに転換する必然性が見えてくる。そこには、少し前までなら考えられなかった複合的な発想をベースにして、ひたすら研究に取り組み相互の補完性を効果的に活用し、斬新な提起を目指すとしても、何ら不思議ではない。サンタフェ研究所も、そんな展開を目標にしてスタートし、現在の多面的成果に結びついていると解釈することができる。まさに、終わりなき融合的で広い脈略を追求する、果てしない旅路の道標とも言えよう。それでも、近い将来、さらに斬新な潮流が巻き起こされるときが必ず巡ってくるだろう。

もちろん、サンタフェ研究所の狙いは先駆的研究への挑戦であり、かつ新たな分野開拓への誘導者であり続け、パラダイム転換への先駆者でもあった。それだけに多くの分野に影響力が拡大し、30年以上も過ぎた今日でも色あせず余韻に浸り注目を集めている、と認識しても過言ではない。これまでには考えられなかった、異なる分野の研究者と同じ屋根の下で自由闊達に研究し、忌憚なく情報交換や新たなテーマを語り合える喜びは格別なものがあると言えるだろう。とりわけ、新分野を開拓する宿命にある研究者にとって、単独よりも誰とでも親しく情報交換できる雰囲気は、願ってもない環境であり、たとえば、物理学者や数学者が経済関係の課題に関する新提案や見解を述べたり、著書や論文の中で取り上げたりする機会が格段に増したこと。それ以前には、あまりお目に掛からなかった知見に触発され、新たな方向性などの議論に直面できることの意義は、改めて言うまでもなく貴重であり、多くの人の知的財産を有効活用するための、前向きな進化の方向性なのだと理解することができる。

身近でも、生物学や物理学の分野の用語が次々と登場し、新たな知見が多方面にわたり発表されてきたのも記憶に新しい。また、アトラクター、創発、相転移、自己組織化、カオス、フラクタルなど語彙の使い方にも新鮮さが加味され、大いに刺激を受けた記憶がある。曲がりなりにも、経営経済関係にかかわってきた一人として、従来の積み上げられてきた抽象的で既成概念的な内容をあえて難解に解説する場面が多い流れに明かりが見えてきた感があった。とくに、常に流動性のあるテーマに対して、理論と実践とが遊離している事実を無視し、数式や難しい抽象的言葉だけが先行していた状況に不満を感じていた時期に、複雑系という新鮮な解釈はことさら刺激的であったことが思い起こされる。

ではなぜ、こんな動きの中で変化への挑戦が始まったのか。それは、異分野の研究者にとっても身近な話題である経済問題に関して無関心であるはずもなく、それだけに、独自の指摘が多く見られるようになったのは自然なことであった。その分、従来とは異質で新鮮な状況変化の流れがひしひしと感じられた。そこから、長い間タコつぼに入った状態から抜け出し、実態に即した数理的な分析と提起が多くなり、意識転換と新鮮さを汲み取ることができた。まさに、流動的で複雑な要因を数学的分析や物理、生物などの観点からの提案であるだけに、これまでの既得権的範疇を超越した、独特の満足感が得られた記憶に結びついている。

たとえば、「意外なことに、入り込んでいない」と、エネルギーやエントロピー、代謝、環境収容力といった概念も主流経済学に入り込んでいない」と、ジェリー・ウエストの指摘があるように、経済学が歩んできた既存の教科書的内容レベルでは捕捉できない、新たな視点と鋭さを感じ取ることができる。もちろん、物理や生物との相互関係や関連性など、新たな足がかりとなる提起や今後への選択肢を広げ、しかも多岐にわたる興味深い方向性が包含された、指摘が盛り込まれるようになった意義は大きいものがある。まさに次なる舞台に躍り出る序曲を奏でるリード役となり、時代性と状況変化が強く感じ取れる、意義深い役割を担ってくれた重みを汲み取ることができた。もちろん、これらの含意は、とりわけ、経済関連分野に限らず、社会生活全般に関係している点を見過ごすことはできない。

このように、科学技術に対する研究がますます加速化され、加えて高速に処理できるスーパーコンピュータや量子コンピュータの開発が進んだことで、人智を超越した対処能力が可能になり、予測条件をインプットすると不可能であったものが可能になり、未知の領域の予測や開発など、複雑性の視点における複合的な要件を取り込み、社会活動全般に及ぶ可能性の枠組みを拡大する夢を膨らませてくれた。その要点は、直線的な思考から二次曲線的対応、微積分や指数関数的なレベルに基づく視点が加わり、新たな次元の扉を切り拓くカギとなることが的確に指摘され、さらに興味深い知見が刻々と加味されてきた期待感は忘れることができない。

たとえば、人体構造の詳細な解明と疾病対策、病原菌対策、気候変動対策、台風や地震への予知など年々被害が増大し対応策が後手になっているケースなど、難しい課題に対する国際的協力がさらに可能性を帯びてくるなど、高角度の分析に関する期待感は一層高まるばかりであった。ただし、社会的な変化への浸透度が一気に180度への転換とはならない難しさは、これまでの幾多のケースから読み取ることができる。そこには、厳密にはどんなケースでもタイムラグの存在や、さらに、日々変化する循環性のサイクルを防ぐことは不可能なのだから、気休めならともかくとして、一律に対処することの難しさから逃れられないからである。そのため、事柄の変化には、完璧さを求めることも不完全性から解放されることもなく、部分的変化にしか対応できない実態から放免されることもない。そのため、なんらかのジレンマが必ず付いて回るのを避けられない宿命がある。

しかし、その根底に流れる、科学的進化と感情を持つ人との関係性の温度差とにどのように対処していくのか。そこに高度化社会を乗り越えなければならない方法論と、高邁な筋道が淀みなく浮かんでくると考えたい。複雑性によるケースも、その一つの事例に過ぎないことを教えてくれている。

最後に付け加えたいのは、このような重要な変化の流れに関して、自身の個人的反省として、複雑系研究につながる「カオス」の先駆者は日本人であったことを、長い間見落としてきたことだ。あまりにも先入観による思い込みの強さへの大いなる反省点である。その人は京大教授でもあった上田睆亮であり、しかも、発見したのは１９６１年であり、かの有名なローレンツが発見したのは１９６３年である。何と、ローレンツの「アトラクター説」が始まりだと疑うことなく信じ切っていたため、大きな認識不足をしてしまった。その詳細は本人他二名による共著（『複雑性を超えて』筑摩書房）が手元にあったのに見落とし、その他の著作や情報などにも紹介されず、お粗末な顛末が悔やまれる。ともかく、カオスの発見こそが、パラダイムの転換やサンタフェ研究所における今日のＡＩ研究などに繋がっているのだから、大いに称賛されて当然だっただけに、いまだに残念な気持ちが消え去らない。

2　複雑性思考はめぐる

改めて複雑性とは、「一定のルールや原則に従って相互作用し合う多数の部分から成る全体」とする明快な捉え方もあることを頭に入れておきたい。もう一人、津田一郎による、「人の心の在り方を抽象化したものが数学である」との説も複雑系論者の一面として受け止めることができるだろう。

まず、無限大ともいえる広大な宇宙の中で、局地的な存在でしかない地球に生命を依拠させ、時代の推移の中で特異的幸運に恵まれ進化してきた人類の世界観を素直に甘受し、現代を生きる個々人がより深く認識を改め、これまで以上に模範解答らしきものを探し求め、持続的行動にどこまで移行できるかが、常に問われ続くことだろう。そもそも、人類が存在していることそのものが奇跡的であるのか、もしくは、偶然を伴う変異的進化に巡り合えた贈り物に過ぎないのだろうか。その解釈は、今後の進展に待つとしても、このところ飛躍的に化学的実証研究やコンピュータ解析などが可能になり、遺伝的細胞などの詳細な役割や働きに関係する多くの成果が、着実に積み重ねられていく。

もちろん、さらなる確からしさが明らかになったとしても、新たな限界点に直面するのは避けられないことも、承知しておかなければならない。それにしても、膨大な数の細胞の働きや攻守の力関係、無限とも思われるウイルスなどとの戦いに関係する確かな答えを見いだすには、宇宙空間からの圧力や気候変動、時間軸の変化に伴う新たな脅威との戦いは果てしなく続き、先手必勝の成果を求める研究は続いていくのは必然である。しかも、突然降りかかる予想外の災害等に立ち向かわざるを得ない実態は、言葉では言い尽くせない数々のジレンマが、際限なく淡々と待ち受けていることを予感させられる。

また、現段階では人類の先祖は魚やチンパンジーであったと考えられているのに、なぜ人類だけがここまで進化できたのだろうか。偶然に突然変異という女神に救われたとする認識が、有力視されてはいる。それなら、他の動植物にも同じようなチャンスが与えられたとしても不思議ではないと受け止めても、決して不自然ではないからだ。無限とも思われる宇宙空間をはじめ、地球上にも無数ともいえる対象物が存在するのに、人類だけが仮面ライダーのごとく変身できたのが不思議であり、後続が現れないほうが不自然な気分になる。ヒトより先輩である樹木を含め細胞や細菌から生まれたすべての生き物にも、同じように変身するチャンスがあったのではと考えても、まったく空想論とは言えないからだ。

生物にとって欠かせない存在である貴重な森林は、人の手が入らないとか台風や噴火など自然災害に遭遇しない限り、人よりも長い寿命を全うできる。また古代魚なども億年単位で命をつないできた事例が実在するのに、なぜ大変身するチャンスを得られなかったのか、素直に疑念を持つのが自然ではないだろうか。それなのに、人類だけが奇しくも短期間のうちに飛躍的進化を遂げてきた事実こそ、むしろ奇跡的なケースとして受け止めざるを得ない。現時点では、この一時的幸運に満たされたと思われる宿命を手にした人類だけが、謎を解き明かす作業にかかわることが許され、究明する使命を負わされていると解釈することもできる。

しかし、その作業は、特別な事態でも発生しない限り、時間というタイムラグの難しさを背景にして確証を得られぬまま、延々と終わりの見えない解析と検証が繰り返されていくことだろう。そのプロセスは、見果てぬ夢を追い求め多難な悩みを抱え呻吟し蛇行し、ときに楽観的に、ときに悲観論に陥りながらも進んでいくのが、歴史という非確定性によるジレンマと言えるのではないか。ただし、最近の新たな推測によると、人類だけがウイルスの連続的作用で突然変異を引き起こし、人として誕生し進化してきたとする説が最も新しいものであり、かなり信憑性があり有力視されている。それでも、新たな説がどこからともなく突然現れるから、ゆめゆめ油断はできない。

それにしても、ヒトとは霊長類の王様だと自己主張したとしても、実態は悩み多き存在であることに何ら変わりない。しかも、過去にも大きなダメージを何回も受けてきた経緯があるものの、今回の新型コロナウイルスの登場により、いくら時代が進んでも、地球上の生物のリーダーは、細菌・ウイルスであることが一層明白にされてしまったのだ。つまり、日常的には目に見えにくい盟主により、生かされていることが現実となり、浮き彫りにされたことになる。

もちろん、過去にもスペイン風邪、結核など多くの事態を体験しているのに、しかも、これだけ科学技術が発展している現代においても、世界中が大混乱に陥ってしまった実態が、断ち切れない怖さを再認識させられ、今後の社会生活に対して足枷をはめられたことが、折に触れ強烈な制約事項として記憶に残ることだろう。自然回帰や気候変動に関する取り組みなど、言葉だけが先行する傾向が続く中で、図らずも、謙虚な意識への回帰と行動パターンへの転換と遵守の必要性が、明確なサインとなり提示されたことを意味している。同時に、強烈な実態条件が明白になり、何らかの転換を余儀なくされ、半面で新たな環境づくりへの対応を正面から突き付けられたのは、新たな啓示とも言えるのではないか。

結果として、際限なき欲望に対する限界と自然界からの制約に対する、反省論的ケースとして提示されたものと解釈することもできる。因果は巡るよりも、時間がたてば痛みを忘れてしまうという、自然環境に生かされているのにこれこそ動物特有のものであり、その場限りで安易に走りがちな特性によるのだろうか。それにしても、人生初体験である日常生活に規制が加わり、自由に行動ができない不自由さから、大多数の人が身に染みて実感したことのない制約とストレスを受け、不愉快で忘れることのできない教訓的事態として、心の奥底に長く残り続けることだけは確かである。

ところで、人はそれぞれの個性や持ち味の違いを否定できないように、生き方の違いも同様に選択できないのが基本となり厳然と横たわっているのに、そのことを忘れ多くのトラブルが発生する要因とは、どのようにして引き起こされるのだろうか。一つには、何らかの行動が起こるのは、目先の事柄に意識を集中しようとしても、予想外の事柄が絶え間なく発生するため、事前の予想が覆され安定策を思い描く前に自己保全意識が優先し、勝ち残るための思考が刹那的に作用するためではないか。これらの事態から推測して、物事に対する対処の仕方には、純粋でお人よしで済ますのではなく、ときに複雑で多様な要素から可能な限り多くの視点を踏まえ比較し分析し、より以上の必然性を追求する意欲と努力の持続性が、常に問われると受け止めることができる。

なぜなら、個人が変わらなくても、周りの諸々の環境が変化を求めて圧力を掛けてくるからだ。そのため、その流れに対処できない生物は、結果的に敗れ去る運命に甘んじなければならない厳しさが、淡々として待ち伏せしている。とくに地球上の生物の宿命は、生き残るためこれらの変化に知らず知らずのうちに巻き込まれ、厳しい対応を繰り返すリズムから逃れられず、必死に生き残る道を選択し進化してきた歴史から、決別することなど夢物語に過ぎないからである。

これらの視点からして複雑性とは、広範囲な分野に対する挑戦の原動力であり、同時に守りの重要性はともかくとして、絶えず必要要素を周到に準備することでダメージを最小限に抑える働きに転嫁し、生き残るための必須の武器として役立て、力強さを強化する貴重な体験の中から積み上げられてきた。つまり、受け身ではなく挑戦的に物事を考え行動に移し、自ずと自己防衛のバリアを拡充してきたことに、重要な意義を見出すことが許されるだろう。それだけに、基本的には、無意識で単純な物事の繰り返しでは、受難が増すばかりで対応不可能であることは否定できない。また、生物は原則的には、年齢とともに思考も行動力も鈍るダメージは避けられないからこそ、その時々の対応処置を弁え（わきま）逆に意欲的な行動に移すことで、可能性のスキームが精緻化されてきた経緯が見えてくる。

すべての行動や思考が完璧ということは不可能であっても、可能な限り産業活動や日常生活にかかわるエネルギーロスを、少しでも減少させる努力や持続的に知識経験を積み上げることで、前向きな意識に転ずることができる。同時に、相対的なマイナス要因を減らしプラスの展開へと連動させることで、エネルギーの有効活用とその時々の事態に対処する心積もりが強固になり、明日への筋道を切り開いてくれる。正しく能動的であることが、前向きな意識転換に繋がり新たな土壌へと継続されていく。もしくは、必ずしも能動的でなくとも、受け身になり自己否定的になるよりも、物事をしっかり把握したい気持ちを持続できれば、意識転換への夢は途切れることはないだろう。

つまり、もはや創造的破壊という乗りの良い言葉に惑わされることなく、地に足が付いた持続的な発想転換やイノベーションを心掛けることで、経済活動の継続的パターンとして根付き、相乗効果による新たな視野の開拓に連鎖的に繋がっていくのではないか。しかも、そこに流れる思想とは、これまでの数の論理で大きさを求めるのではなく、体内の消化作用を健全に促進してくれる、大切な酵母がじっくりと発酵し旨味成分を増してくれるという、まさに理にかなった健康体の維持が相まって、意識改革の醸成と行動意識の高揚、持続性へと結びつけてくれるに違いない。これこそ、昼夜を通じて監視の目を怠らず、美味しい日本酒を醸造する細心の心配りと同様の一体的態勢であり、エリア全体に真の愛情が生まれるのではないだろうか。

複雑性の思想は、現状に甘んじない意欲と気力、それがやがて主体性や自律性、もしくは自己完結やホメオスタシスといった、自己実現のために必要な要素を培養できる土壌を作り出す働きを担ってくれると考えたい。同時に持続性と取り巻く環境変化に対して先端的な意識を持ち、とりわけ個人が所属する分野の動向と将来性などに関しては、意欲的な意識の集中と、異分野との関係性にも十分に配慮することが求められている。加えて、関連する動向を的確に把握する努力を、可能な限り持続する姿勢が欠かせない。さらに洞察力と前向きな努力を持続できれば、重要な表現方法である「創発による主体性と自律性」に結び付いていく。物事は、たとえば身の回りの生活パターンを振り返ってみても、ほとんどの事柄が循環的システムに誘導され、日々の暮らしを送ることができるサイクルから恩恵を受け、健康を維持しそれぞれの役割を担いながら成長していることを、改めて確認し直すことができる。

つまり、宇宙空間はもとより、とくにヒトの社会はそれぞれに分野ごとの役割分担なしには機能しなくなるということだ。それも安定的ではなく、常に変化し競争環境が続くことで進化する循環性と連鎖性が生まれる。さらに科学技術の発展に準じて進化していくことの重要性から、多くの事柄を学び取り応用し具体化する関係にあること。しかも、ＡＩ化に伴い無意識的に倍加される複雑な要素がさらに科学性を帯び、ときには化学的変化により高度化され精緻化され、新たな道が切り開かれていく連動性が待ち受けている。つまり、事態の相互関係や重点性がやんわりと覆いかぶさることで、社会生活はもとより文化活動やビジネス活動、そして余暇の楽しみ方と多様なレジャーや思索パターンなどと、次々に複層的な新形態的開発へと誘導してくれる。

そのことが、最近の動向として、これまでの名目的な学際的意味合いから脱皮することで、他の分野との共同研究の認識が必然的に深まり、横の連携なしには新たな課題解明が困難であることに気づかされ、協力関係の必然性が認識されるようになったこと。そして、さらなる独自性と精度の高まりを追認できるようになった環境変化が、大きな支えになっている。その認識こそが、確かな前進であると解釈しても、間違いではないだろう。ヒトそれぞれに個性が尊重され能力発揮できることで、維持されている人間社会においては、多少の無理でも目をつぶり、可能な限り個の違いを最大限尊重すること。そして、現状に満足することなく、しかも、自己利益を優先する権威的で排他的意識ではなく、時代性に即した進化に対応できる精神性こそが、社会生活を一層豊かにしてくれるからに他ならない。そこに、複雑性研究による先端性と、社会的意義や役割の信ぴょう性が垣間見えてくる。

ただし、残念ながら、すべてのことが理想的な形で推移することなど不可能であり、先端性の陰に隠されている保守性こそが予想外の難物であり、同時に、変化ばかりに意識が先行している状態がギャップとなり、新たな事態の推移に躊躇する場面が表面化する可能性を捨てきれなかった。とくに、意外性のある課題の議論となると、特有のしがらみや矛盾感が対立化してしまう。これは全員が同じ方向に動くことの難しさを象徴的に示す事態と言えよう。同時に、関係する人数による思考落差などが、予想外の議論の停滞や混乱を招き入れ、期待どおりの論議を尽くし切れない怖さでもある。

そんな波が小さいことを願わざるを得ないのが、率直な気持ちであるものの、数による論理は、多くのケースで理想論よりも利害関係に傾きがちになる矛盾を、包み込む苦しさが見え隠れするだけに、改革よりも妥協的問題解決が多くなり、周囲を悩ませる事態も拭いきれない。近代化の進展は、人の思考も進化し万全になるものと受け止められがちだが、結果的に将来に禍根を残すような多面的な事態に直面し、大きな犠牲を払わせられるケースも後を絶たない。形あるものは必ず崩れるように、物事に関しても完全なる答えは、どこにも存在しないと言えるだろう。いくら時代が進みＡＩ化され予測手法が向上したとしても、最後は人による意思決定が加わるだけに、デリケートな関係性を払拭するのは、残念ではあるけれど容易ではない。

現実のケースとして、コロナ禍のような世界的大事態の襲来に対応できずパニックに陥ったことから、未知の領域に対する既得権的対応や複雑な課題に対して慌てふためき、不適切な対応など隠されていた盲点が表面化し、急いで両天秤的対応により解決しようとしたが、後手に回る事態に一喜一憂する苦しみを、長期間実体験してきた。もちろん、次々に現れる新手のウイルスのように、いつどのように攻撃してくるのか予測できない事例であるだけに、平素の地道な研究体制の持続と、医療体制の有るべき姿の整備など、万が一のときに備える最善の体制作りという、大きな宿題が表面化した学習効果も見逃すことはできない。今後も、新手のウイルスの攻撃は止むことはなく、しかも間違いなく伝染力も強く対処方法も難しくなり、その上、先鋭的で転移のスピードも増すなど、新たな対応策や欧米中心に蓄積された先端的な成果なしには、解決できないことが一層明確になった。

いずれにしても、効果的で成功確率が高い方法論を模索していく動きを止めることなど、社会活動全般に影響が大きく死活問題となるだけに、中断することなどできるはずはない。むしろ、総合的な環境問題も視野に入れ、万全な対策を講じ前進するしか、満足度の高い答えは得られないことを、ウイルスからダイレクトに挑戦状を突き付けられた事態により、再認識させられたケースと言えよう。さらに、多種多様の研究開発や経済活動、技術革新など息の長い対策を綿密に練り上げ、終わりの見えない付き合いが続いていくと理解しなければならない。結果的に、人特有の精神性の尊重と関連分野の成果を積み上げ、被害を最小限に抑えるための、総合的協力体制を整備することに尽きてくる。そんなときこそ、社会体制を転換させるようなヒントが生まれる可能性が高くなり、将来への希望の光が見えてくるものだ。しかも、この度のコロナ禍に遭遇した貴重な経験により、国際競争は一層スキルアップされ、異なった視点が加味され、熾烈な開発競争が繰り広げられるだろう。

過去に何回か地球自体が凍結したとされる激動期のように、どのようにあがいても対応できない事例などはともかくとして、現実の人社会そのものの変革に関しては、気候変動などに慌てるのではなく、自らの手で先手を打ち切り拓く先見性と対応力を推進できれば、将来に対する希望が一層膨らみ、むしろ人類全体の貴重な財産として、新たな道標になることは間違いないだろう。そんな事例として、都市機能やエネルギー問題、ＡＩ社会やデジタル化の躍進、ハイテクロボットとの共存化、そして地球温暖化等々に至るまで対象範囲が急速に拡大し、対応能力が格段にレベルアップしている実態を、焦ることなく真摯に生かし続けられれば、希望に満ちた未来への道標が見えてくる。

ここまで、複雑性に関するテーマを、あちこちよそ見も交えて取り上げてみた。その視点からすると、単純よりも複雑に、そして弾力的で混合型など、多様な事例が注ぎ込まれ、日常的に展開されていることに気づかされる。ただ、方程式を解くようなわけにはいかないのだから、それほど神経質になる必要もないのかもしれない。しかし、社会活動における変化の波は、知らず知らずのうちに、思った以上に多様化し複雑化していることを思い出させてくれる。だが、以前とは異なり現在の進化とは、圧倒的な情報量の違いとスピード感、そして地球規模での参画者数の多さ。その支えであるハイテク機器の高度化など、その躍進ぶりには驚かされるばかり。もちろん、その中核には、コンピュータの存在とネットワーク化。つまりは、携帯型スマートフォンに代表される、移動式情報提供ツールとしての玉手箱の存在が、日常生活に関する質と予想値を遥かに超え、進化させてしまったのだ。

人々の意識はもはや情報漬けとなり、各種モバイルという魔法の玉手箱なしには生活できないほど重宝され、生活様式全般からビジネス活動等々、もしくは人生観までも一変させてしまったありがたい存在でもある。ただ困ったことには、スマホに触っていれば、新聞も雑誌も必要でなくなり、世界中の情報に触れることができるという、夢のような世界が広がっているのだから、夢中になるのも無理もない話なのだ。これこそ、知らぬ間に複雑系の社会観に引きずり込まれている、証左とも言えるだろう。

もちろん異論も承知の上で、個人の世界観に入り込むことができるなど、情報発受信の機会が格段に向上した分、不愉快な雑音や中傷など神経質になる場面が増えているのは残念であるけれど、根絶させるのは不可能ではないか。しかし、誰もが発信可能になり、それだけ自由に振る舞う機会が増えたことは、閉鎖型で制約の多い従来型のパターンよりも参画するチャンスが増えたことの証でもあるだけに、新たなページが開かれた質的変化こそ、想像以上の成果と言えるだろう。それだけに、各種の雑音や課題も多くなるのを我慢すれば、時間の推移に伴い新たな段階へと修正されることだろう（ただ、身近でパソコンがバージョンアップされるたびに、パソコンにリードされる場面が増えるのは気にかかる）。

さらに、外すことのできないテーマとして、ＡＩ化と人造人間（ロボット）の動向について触れてみたい。ともかく、いくら反対しても、進化の流れが速いため、人が人を管理するという当たり前の考え方が崩れ、その分、ハイテク技術の浸透により人の出番が少なくなり、ロボットによる代替現象が増加していく。だが、ただちに人を必要としなくなるのではなく、最終的には自然資源の有効活用によりエネルギーロスを低減させ、より生産的な活動形態を実現できなかったなら、受け入れは拒否されてしまう。常に新しい形への変化には、願望的目論見や新たな可能性などの夢が読み取れなかったなら、人々の支持を得られないからである。だからこそ、人対ロボットの高度な関係づけに対する議論が沸騰するのは避けられない。なぜなら、浸透レベルや意識改革とハイテク技術水準、さらに業務分担のグランドデザインをどのように調整していくかが問われているからだ。もはや、従来型の積み上げ方式ではなく、方向性が明確な前向きなコンピュータ中心の解析や予測、さらに結果判断と作業効率などに注目が集まるだろう。すると、人の役割分担は側面からの判断業務と、スケジュールチェックなど、意思決定事項等への比重が増すパターンが見えてくる。

そこには、複雑性や融合性などの認識は織り込み済みであり、経営戦略や新製品の開発、さらに意思決定など新たなステップへ移行し、トータルな業務体系とパターンが明確になってくる。現実に、人とロボットとの関係性がさらに進展する中で、人の役割がより明確化されることから、個々の存在がフラット化され効果主義の潮流が、大幅に変転すると考えられる。そこに、重要なテーマである人権主義的意識にも、変革と前進への期待が高まる。また、地球環境への意識転換とモノづくりと効率中心主義から、ヒト重視の流れへと加速されるチャンスになるだろう。つまり、人工ロボットが越えられないとされる、瞬間的で感覚的な対処能力に関する課題解決には時間を要するとしても、双方の役割分担の変化に伴い、今まで以上に個性尊重と現実的温もりのある形に変えられなかったなら、進化の意味合いがなくなってしまうからである。そのカギは、ＡＩ化のレベルアップと人工ロボット化による実態と成果が握っているからである。

ともかく、このような前提を改めて認識することで、複雑性や多様性という解釈により思考を深め、さらなる積み上げが新次元への段階的成果を深め、より高度な知見が提唱されることへの期待感が高まる。あるいは、逆転の発想などにより、さらに異質な成果を生み出すチャンスとなり、新たな進展が期待できるだろう。その一つの考え方として、ＡＩ時代の到来により人智と人工知能の複合的分析力を活用し、これまで最良と思われた解決策を大幅に上回る、新鮮で整合性のある方向性を見つけ出す手法が待たれるときが、到来していると考えられる。

もちろん、ヒトの知恵は複雑で広範囲に及ぶものの、異次元の方向性や最良の答えを導き出す場合、個別の利益の追求はともかくとして、自然環境なども含めた循環的な利益や長期的方向性を探るのは得意ではないだけに、そこをサポートしてくれる人工知能を有効活用することで、ハイレベルでしかも、重大なテーマである自然農法重視や気候変動優先への対策も織り込むなど、可能性の輪を限りなく広げてくれると期待したい。

なぜなら、将来的に、人工ロボットが感覚面や情緒面での瞬間的な変化に対応できる能力まで備え、対処できるまでになるには時間がかかるが、楽観論だけでは済まされない困難さが伴うからだ。あくまで人主導優先であって、人工ロボットが促進的役割を果たす流れが理想的である。しかし、かなり接近するときが来る可能性は否定できないだけに予断は許されない。むしろ、その限界を知ることで、人社会が守備範囲を正しく認識することに行き着く。双方の英知を集めた、親和性のある局面の構築と方向性を見誤らないこと。いずれにしても、複雑性による知見そのものにも、パラダイムの転換が求められているように、ハイテク機器とヒトとの関わり合いも進化することは避けられない方向に進んでいく。

そのためには、綿密な役割分担と健全なる環境対応と先端技術の進化などの方向性を読み違えないよう、極めて慎重な対応が求められるのは避けられない。そして、時代の変化に沿ったより本質的で人間らしさを追い求める機会を逃さないためには、掛け替えのないパートナーとして、連携関係強化プログラムは後戻りさせず、着実に対処していかなければならない。一方で、人もまたデジタル社会の動向になじめないケースや、思考の単純化や無機能化などによる弊害を読み違えないよう、対応策を慎重に練り上げていく必要がある。

さらに、少し視点を変えて、今回のコロナ禍により無駄なエネルギーの削減やテレワーク開始などの合理性追求に関連して、従来の縦型組織ではカバーしきれない課題が次々に指摘され、積年の弊害ともいえる危機管理が進んでいない実態が各方面から噴出し、にわかに耳目を集めている。あるいは、医師がかかわる医療の現場においては、人命を守ることの難しさに加え、絶えず高度な知識と技術が求められる職業との葛藤に対応できなくては、役割を全うすることができない。言い換えると、生身の人が対象であり、個々の症状に相違があり多様であること。それだけに、確定的な処方箋を提示できない難しい職業であるため、経験不足や過去の事例に頼りすぎる傾向が強く感じられる。もしくは、人災による優先意識の遅れや態勢不備。さらに、根底に流れている積年の医師優先と患者との微妙な関係などに、批判の矛先が向けられ何かと騒々しくても、変えることの難しさばかり残されてしまう。良き医師との出会いなど、デリケートな課題も無視できない。

しかし、コロナ禍が起点となり浮き彫りにされた諸々の課題が俎上に挙げられたことで、改革へのニーズが一層明るみになり貴重な機会になったと考えられる。国際的な成功例も引き合いに出され、今回の困難でひっ迫した事態の対応を体験したことで、積年の弊害や体制不備が指摘され、もはや先送りは許されなくなり、現状の医療体制優位の見直しが行なわれるのは、必至と言えるだろう。それでも、見通しが明るいとは言えず、一方的なコミュニケーション姿勢には釈然としないものが残る。

はたして、高度職業とされる「医療関係者」という特権が、今後、どのような質的転換を辿っていくのか期待感とともに目が離せない。しかし、一方で、人工知能による進展や、従来の蓄積された知識に加え医療技術のコンピュータ処理が日々進展している変化度合いから推測すると、やがて、人以上に蓄えられた知識技術に勝る人工ロボットという強力なライバルが、主導権を握るときが到来するのは確実な情勢でもある。なぜなら、これまでとは様相が一変し、時代的進化の波動が劇的に拡散し、社会的影響力が及ぼす破壊的進化が夢ではなくなる可能性が、十分に考えられるからだ。もっと厳しく分析すると、先進的な人間社会においては、人工知能との融合なしには対処できなくなる方向性が、着々と歩んでいることを示唆しているといえるだろう。

ともあれ、期待値と進捗状況とのずれ、そして、来るべき社会的活動の理想的パターンとのギャップなど、さまざまな課題に対処しなければならない。同時に、先進性という新たな大海へ出航する期待感と不安感を内包しつつ、しかも時間の推移による超えていかなければならない、荒波という大きなフェンスを乗り越え、より安定し充実し少しでも満足できる、新たな生活環境空間を築きあげたいものだ。それこそが、今後の人類に課せられた重大な局面と捉え、前向きに対峙しなければならない時が刻々と迫ってきている証であると理解したい。ただし、これまでの多様性・複雑性という斬新な思索パターンによる提起から、次なる時代に相応した着想が求められる時を迎えている。今や、多様で複雑な思考は当たり前であり、プラスしてデジタル的思考が先行する、いわば、コンピュータ思考に誘導される行動パターンへのプロセスが、着々と進行していることの表れである。

しかしそのベースとなるのは、地球環境維持と健康社会創造のための生産活動と人権尊重時代への、旗印になる思索ツールであることが望ましいことは言うまでもない。その意味で、バーチャルリアリティー社会実現の動きなどは、興味深いものがある。それにしても、人間重視にして地に足がついた、ダイナミックな方向性であってほしいものだ。この峠を越えられれば、意外にシンプルな行動パターンが浸透するのではないだろうか。いつの時代にも叫ばれクリアしてきた課題をシンプルに乗り越えていきたい。

3　各種のジレンマ

ここではさらに、大切な基本的な意識や思考の相違、もしくは関係先との間に横たわる競争関係などから派生する、各種ジレンマと相克的視点からアプローチしてみたい。

この原稿を書いている時点でも、インドでエベレストの氷河が地球の温暖化で崩壊し、その反動で洪水が発生したため多数の命が奪われたと報道されている。また、北極圏でも何万年もしくは何十万年も前の氷河が、あちこちで崩れだしている事例も報告されている。これなど、人智を超えた自然現象による動向であることが明らかであり、人間社会が総力を挙げ対抗してみても勝ち目のない巨大なパワー現象であり、その根源にかかわる過剰な自然環境汚染に対する警鐘こそ、平時の小さな積み重ねによるものだけに、その重要さを思い知らされる。こんな事例は、枚挙にいとまがないほど、各地で多発するのを防ぐのは、もはや無理な段階に至っている怖さがある。

さらに掘り下げてみると、その他にも世界的規模において同じような災害が急速にしかも広範囲に及んでおり、これまで長年にわたり指摘されてきた事態が現実のものとなり、もはや目先の対処方法レベルでは手に負えなくなっている状況が、現実の厳しい動向として明示されている。まさに、人類が懸命に積み上げてきた長い間の営為が、結果的に想定外と言うべき自然環境汚染などが地球温暖化の引き金となり、猛烈な反動にさらされる事態の頻発へと変わり、年毎に弁解の余地が狭まり逃げ場を失っているとして、激しく警鐘が打ち鳴らされている。もちろん、過去における知識や情報不足の時代であれば、対処能力もそれなりに許されたとしても、昨今の科学技術の水準からすれば他への責任転嫁は許されるものではなく、予測対応も含めた対策と実行政策の先行が欠かせない現実が、無言で厳しくひたひたと押し寄せている。

むしろ、人口が増え自由さが増すほど、その度合いとスピード感は加速化されるだけに、絶えざる動静注視と実行対策を中断することは許されない。これこそ、宇宙からの気候変動に対する重大な挑戦状であるだけに予断は許されず、全力を傾けて対処しても間に合わないことを肝に銘じ、早急に対応を急ぎたい。このときこそ、実効性が遅れがちになる直線的思考を切り替え、可能性の輪を迅速に広げることにつながる複線的思考への移行、ないしは、弾力性のある思索や行動、協調性に加え科学的知識と実態行動との一体感こそが、今後の展開に不可欠な要件として積極的に対応することであり、結果として被害を最小限に抑えたい。

今後、科学技術や周辺における各種イノベーションが飛躍的に浸透したとしても、自然現象が吸引する巨大なパワーに対処することの困難性こそ、人類の力の限界を明確に示すものであり、どのように背伸びしても、この先、宇宙探索が可能になったとしても、ほんの小さな存在でしかないことを、明示的に教えてくれている。しかも大事な視点は、自然現象と人類が進まなければならない方向性とは、相反するものであってはならないことを、時間の経過とともに強く認識させられるだけである。その間にも、宇宙からの攻撃力は強くなるばかりであり、時間と場所にお構いなく自由奔放に攻撃を仕掛けてくる怖さがある。つまり、宇宙原理に基づく存在感と引力には、小手先で自己防衛まがいの争いでは、最初から勝負が決まっているはずなのに、それでも、さらなる自己利益を追い求めようとするのは、限界を忘れた行動そのものである。

ともかく、宇宙というあまりにも永遠で途方もない無限性とパワーやその動静、しかも無言の圧力と地球上の人類ないしは全生物の生き様とは、あまりにもかけ離れた存在であるだけに、不遜で無益な驕りに耽ってみても何ら得られる成果はなく、みじめな姿をさらけ出すだけに終わってしまう危険性が、粛々と無言で繰り出されてくる怖さを強く感じさせられる。そのためには、確かな科学的知見とそれを支える情緒的安定性による謙虚な社会的活動こそ、強力に推進する実態的行動への足掛かりになるだけに冷静で周囲との調和、とりわけ、取り巻く自然現象への敬意を忘れない謙虚さに行きついていく。それにしても、無限大に近い宇宙原理とは、化学的作用により引き起こされる積年の答えなのだから、手の下しようがないのだ。

ここで、視点を変えて、たとえば、多くの組織運営の事例を見ても上意下達のトップダウン方式が大多数であり、また、研究分野においても部門別や専門別に成果の蓄積と原則的な積み上げなど、横との連携や関係性が乏しい縦型組織形態が受け入れられてきた。その分、集中的に独自の専門性を発揮できるとする認識が浸透し、長い間、伝統的で効率的であり支配的パターンとして、多くの組織において受け入れられてきた歴史的経緯が思い浮かんでくる。つまり、関係分野別に権威を維持するには、オープンであるよりも専門分野という美名のもとに、相互の関係性を何とか維持し、より成果を高められるとする判断が、優先されてきた。むしろ、半ば強制的に組織を維持するためには、最適の効果を得られると信じられ積み上げられ、遺産形成とも言える長い歴史的プロセスから、今こそ勇気をもって脱皮し転換することで、次なるステップへの切り替えに繋がると確信したい。

もちろん、そこには、人間社会特有の横との連携によるメリットよりも、個別の成果を求める閉鎖性と保守性が優先されてきたのも、歴史的経緯においてはさほど疑問視もされず当然視されるという、認識的レベルに対応した潮流があったと追認することもできよう。あるいは、一方的な権威者の意向に背くことが難しく、不満があってもむしろ時間的経緯に伴う過渡的成果なのだとして解釈され、社会全体の意識も為政者もそのことにさして疑念を持つことなく、連綿と関係者に伝える慣習を踏襲してきた集団運営のプロセスであったことを想起させられる。その上、社会的組織を維持するためには伝統に背くことなく世俗として認識し、高圧的で固定的観念を素朴に受け入れざるを得ない、独特の暗く長い道のりが浮かんでくる。もちろん、組織運営のためには、綺麗ごとでは済まされない強者の論理も、全面否定ではなく、短期的にそれなりの正当性も加味していたのだと、追認することもやぶさかではない。

常識的には、生活全般にかかわることや風俗・習慣なども、伝統を重んじる建前の前には、反論よりも受け入れることが前提であり、むしろ、集団生活に欠かせない大事な要素であるとする常識論が頭に刷り込まれていたと、受け止めることもできる。もちろん、ときに疑問が湧いても少数意見として否定され、権力の前にはそれ以上に反論できる説得材料を持ち合わせていなかった関連的経緯など、長い間の乗り越えられない厚い壁が障壁として持続され、苦い歴史の残滓としてのしかかっていた。人類社会の進化の歴史におけるタイムラグと保守性を、何となく垣間見ることができる。同時に、決定力があり集団をリードするリーダーの存在が、見落とせない重要な要素であったことも、忘れることはできない。

そのことは、伝統や暮らしの中から生まれ、むしろ拠り所であっただけに、当時としては貴重な認識から慣習と文化となり、近年まで重みとなり尊重されてきた歴史的事実は否定できない。むしろ、人類の慣習や風俗、そして文化もそんな繰り返しの中で蓄積され、今日に至っている明確な連続性をやみくもに否定するだけでは、実態認識との乖離の難しさを理解することはできない。むしろ、逆に集団運営の困難さを解決するカギを握っていたとも考えられる。また、リーダーとは歴史を遡るほど、組織が生き残るための抽象的理念と経験豊富な伝承者であり権力者であり、そして知恵者でもあった実像が、それとなく交錯して浮かんでくる。それよりも最悪なのは、権力者によるプロパガンダで洗脳される怖さを見落としてきた、社会性と時代性に注目しなければならない。つまり、封鎖的で知識不足な相手に対して、誤った情報を浸透させ混乱に陥れる、手練手管に操られた結果と言えるからだ。

もちろん、どの時代にも、因習的に伝統を尊重することで納得するパターンと、時間的経緯とともに新しさを求めるパターンとは、陰に陽にせめぎ合いによる拮抗力が働くのは必然であり、集団生活に関する避けられない現象であったことも否定できない。そのせめぎ合いの内実こそが集団を統制し、ときに変化を生み出し新たな境地に転換させる環境へと少しずつ歩み出させる要因を、皮肉にも満たしていたとも考えられる。

ところで、それならば、保守的傾向は歓迎されずすべて革新的であれば、よい結果が得られるとする考え方の難しさも、頭に入れておかなければならない実情こそが、人が受ける心理的側面の複雑さを教えてくれている。つまり、どこまでも人間は社会的動物であるため、常に周囲の人々との良好な関係を維持するのに必要な社交術を長い歴史の中から会得してきた経緯こそ、常識論だけでは対処できない目に見えない因習的な不文律が浸透していたことを示している。それは、社会性と協力関係と知的配慮などは、生きるために進化したとの説があるように、誰もが単独では生き残れないことから、保守性と革新性の相互関係が常に交差する、複雑な心情に苛まれる宿命から、逃れられないことを意味している。また、矛盾した思考が、内面の協調意識は混沌としていて穏やかではなくとも、生きるための知恵と相克作用に悩まされることがある。まさに人間関係の難しさなのだと解釈しなければならない苦しさが滲んでくる。

たがしかし、どのような状況に置かれても、時の流れを止めおくことなど不可能な話であり、むしろ、現実は虚飾にまみれていても、常に変化要因が付きまとっていて一時も同じ姿を見せることはない。それでも、自然の営みの偉大さに押し流され、時代は休むことなく流転していく。過去から現代にいたる流れも、数え切れないほどの失敗と成功を経験しつつ修正を繰り返してきた。また、若いときは無限大ともいえる可能性が感じられる時流があるかと思えば、年齢とともにそのイメージが薄らいでいく変化の様相は、体験者でないと正しくは受け止められないまま、次の時代へとバトンタッチされ、その間隙を縫い、評論的な評価がもっともらしく伝えられる。結果的に時間的経緯だけは学習効果として上積みされるものの、大半の物事は否応なしに忘れ去られ、苦しみをあざ笑うがごとく、通り過ぎていくことの繰り返しでもある。ここにも、生きるために避けて通れない、極めつきのジレンマの一端が垣間見えてくる。

同じように、誰もが保守的とか革新的などの区分けや主義主張の違いに関しては、そのときは感じなくても後になって思い当たる事態に､気づくことが多いのではないか。この区分けは、個々人に対する評価方法として、日常的に何気なく使い分けされることが多い。Aは保守的でBは革新的などと日常的な会話の中で、外的印象から使い分けされる事例が多く、ときには無責任な評価基準にされてしまうこともある。しかし、誰もが両面的な意識を持ち合わせているだけに、厳密に区分けすることは難しく、とくに事柄の中身により対応が異なるケースも考えられるだけに、外面から判断するのは、慎重であるべきことが納得できる。また、人それぞれに年代的相違や受け止め方に落差があるのは避けられない。それだけに、多くの場合自己本位的であったとしても無意識的に看過され、それとなく、印象面から評価が定着してしまうケースが多いと考えられる。

ただしここでの比較表現は、日常的な共通的区分として話題になることが多く、また、個々人の持つ感覚的違いや認識、あるいは環境条件などから形成される事柄だけに、当事者本来のものだとして、外部から修正を求められることは稀である。それだけに自ら安易に修正できる内実とは、一線を画していることを意味している。むしろ、個性尊重に基づく環境変化や経験値の多寡などにより、個々の特性さえも転換されるケースが出てくることも理解しておきたい。ただし、個々の持つ特性的差異という不可欠な要素こそが、個性や性格、あるいは人格の違いとなって表れる重要な要素であるだけに、予想以上に深い意味合いをくみ取り、慎重な対応を心掛けたい。

たとえば、権威者や強烈なリーダーの存在は、裏返すと自身の思考を抽象化し関係者に押し付け、状況を容認させる方式が多く、それとなく正当化され継続する流れを定着させてしまうことがあるから、要注意である。結果的に、大衆の迎合を巧妙に煽り立て、予想を超えた賛同を獲得する手法として活用されたりする。結果的に不都合な道理でも容認させる怖さを拭い去れなくなる複雑なケースが、時代を超えて話題になるのは、結果論の違いの大きさに関係があるからだろう。

そんなあからさまに矛盾した姿を容易に修正できない脆弱性は、強い力に流されてしまう、人間社会特有の特色とも言えよう。また、旧来の慣習や先輩筋の政治家、学識経験者や経営者などによる独自の理論が評判となり浸透したとしても、時流に無頓着で他の理論を受け入れないケースや、趨勢的に改革の芽が抑え込まれていることに気づかず、手遅れとなる事例が多いことが気にかかる。始末が悪いのは、伝統的な古さが誇張され信奉されている分野においては、新たな提案など簡単に受け入れられるはずもなく、しかも、情緒の部分で、相手を抑え込んでしまう手法が多いのは残念なことである。

だがしかし、少し前までは秘密裏に事を運ぶことで価値を高めることができた事柄の多くが、現実の技術革新によるＩＴ化等の進化に伴い、情報化して目に触れることを抑制できなくなっている事実を無視することは、もはや不可能に近いことからも変化の予兆が読み取れる。テレビ報道やモバイル機器など電波情報により公開される事例が増えているのが、その流れの根源でもある。それに加えて、国際化の波も吹き荒れ開放の動きが加速化され、ダイナミックな潮流に反抗できず、もはや日常的な状態になっている実態を止める手立ては、簡単には見つかりそうにない。しかも、世界の果てまで情報として公開され、従来とは比較にならない波動となって現れている事例などが、抗しがたい実態として開示されている。一旦放たれた矢は元に戻らない。

特許や数理科学などの分野では、発表の速さが開発者としての名誉を得る決め手になることからしても、努力を重ねて新たな境地を開拓した人が名誉を受けるのが自然の摂理とも言えるほど、社会的に認知されている。しかし、そんな優先順位があるため、特定の人だけが幸運にも目に留まり、その他多数の人も同じように努力してきたのに運にも恵まれず報われない結果に終わってしまう事例などは、いささか寂しい気がする。それこそが競争社会の厳しさと、時の運の違いがなせる業なのだろうか。それでも、ほんのわずかな差が勝敗を決めてしまうという世界は、何のため誰のために努力してきたのかも評価されずに、時間と莫大なエネルギーが空間に消え去ってしまう空しさを禁じ得ない。ある種の情報不足なのか、関係者による不当な差別化なのか真相は定かではないが、情報の出所が多すぎることも一因ではないだろうか。それだけに、秘密裏に事を運ぼうとする情報隔離手段は、変化の時代には手の打ちようがなくなる傾向を止めることは、一層困難を極めるだろう。名誉あるノーベル賞受賞の可否などは最たる事例だろう。

とくに、理数系や技術関係になると、成果に対する評価には余分なネゴシエーション的余地が入り込むチャンスなど与えられるはずもなく、そこにあるのは、スピードとイノベーションと価値評価などが生命線であるだけに、曖昧さが入り込む余地が少ないのは、当然の方向性と言えるだろう。その点で、微積分の父と呼ばれているニュートンとライプニッツによる先陣争い論争などは、事あるごとに引き合いに出されるのは、偉大な成果であるだけに、興味深げに多用されても受け入れられてしまう。しかし今や、今日の地球の裏側と即座に情報交換や月旅行などが可能な時代においては、旧来の慣行や情報不足時代の感覚では、見向きもされない状況に突入しているのだから、過去の常識的パターンを振りかざし無理やり押し込もうとしても、実績重視の観点から評価が下されるのは、現実的な方法論と言えるのだろう。

しかし、感覚的な芸術や音楽などの分野となると、受け手個々の直感的な好みにより判断されるケースが強いだけに、実力よりも数の力で押し切られる傾向は無視できない。そのため、本来は実力で評価されるべきはずのものが、支援者の好みなどによる直感的区分けと感覚的要素により評価が左右される可能性が高く、避ける手立ては見当たりそうにない。残念ながら表面的な受け止め方に落ち着く流れは、防ぎようがないと言えるのではないか。しかも、知名度が上がれば上がるほど、実力とは遊離したまま表層的な理由で評価される可能性が高くなり、さらに、時の運なども重なり意図的に作られた偶像が独り歩きする危険性は、情報過多の時代のほうが、むしろ避けられない実態として付きまとう可能性が高くなるのは、意外な現象と捉えることができる。

つまり、実力よりも人気優先で作り上げられた偶像などは、メディアによる実体的歪みと幼稚性などと、どこまでも人による評価の限界が、見え隠れする難しさから逃れられない。本来的には、努力の積み重ねによる実力を評価できる目を持つ環境づくりこそ、欠かせないはずなのに、完璧さを求めるのは永遠に困難なのか、それとも、データ主義によりコンピュータに任せる方向に進むのか。それでも味気なさが残るだろう。「好き嫌い」という印象に作用される分野には、こんなジレンマとの争いから離れられない宿命が、直感的社会のいたるところで待ち受けている。

これは、人間社会のように人口が増えれば増えるほど、自由への価値観も多様化するだけに、軋轢が増すのは避けられない要因となり、その中でより統一性を強めようとしても、逆に類似的要件に押し流される傾向が見え隠れする。同時に、長年の累積的知識に加え、進化している環境に生きている現代社会は、規制や効果性に加えできる限り統一意識という枠組みを維持する流れに協調する動きは、さらに強まることだろう。そこには、時代的迎合と部分的不満を包み込んでしまう選択肢のほうが、生きながらえる条件として認知され容認されるため、正論で押し切るだけではなく結果的に多数であることで、内面にある不一致という苦しさが、あると き逆に蒸し返されたりする。長い歴史の道のりと生き様が付きまとうため、本音では賛否から解放されることは困難であり、むしろ、人社会が抱える軟弱な側面として避けられそうにない。

それだけに、古きものと新しきものとの限りなきせめぎ合いは、日常茶飯事であったとしても、避けて通れないお互いの意思のぶつかり合いこそ、人として見過ごすことのできない生き様そのものを、投射し表現する行為だと言えるだろう。視点を変えてみると、さまざまなプロセスを通じてこそ何らかの前進が得られると、受け止めることもできる。もしくは、その日常性こそが、前後左右に絶え間なく変化を繰り広げてきた、長い歴史的成果の延長線上にある、縮図とも考えられる。しかも、進化とのせめぎ合い、もしくは折り合いや綱引きが常態化され、ときには争いごと、または紛争や戦争行為など、力により決着が図られてきた歴史は意味深長でもある。その長い歴史を乗り越え進化と変転の明確な残滓が幾重にも重なり合い、現在に引き継がれてきた貴重な生き様と成果なのだと、前向きに受け止めたい。人社会における、人間関係などの折り合いをつける難しさこそ、人生そのものの縮図であり因縁でもあるからだ。

しかし、その根底には、時代の流れに学び、ともに経験の積み上げと知的進化の歴史を歩んできた、人類の貴重な遺産と累積的成果として現実の諸々の行動原則や技術、そして思考やコミュニケーションツールなどの進化を支えているのだから皮肉でもある。端的には、累積遺産として言語を始め数学や哲学、芸術と文字やコミュニケーションなど、広範な部門にまたがり深く刻み込まれ、相互に複合的・化学作用に伴い、現在への膨大な遺産を形成してきた。そして、常に精査を繰り返しつつ持続され、さらに発展的な大きな波となり未来にまで持ち越され、累積的認識として続いていくことだろう。ここにも、心理的な表裏がもたらす多くのジレンマと付き合い模索しながら、進化してきた経緯が見えてくる。

その部分をさらに抽出してみると、人類が、神がかり的幸運に恵まれた事実を真摯に受容し、だからと言って特別な存在ではないとしても、これまで膨大な試行錯誤を積み重ね特異の進化を遂げてきた生物であることだけは、何人も反論する材料は持ち合わせていないと断言できる。さらに、人は複雑な思考パターンを獲得できた分、進化に関する中身の振幅の大きさは、他の生物とは比較にならないほど際立った存在でもある。その分、功罪合わせた可能性が拡大し過ぎ、さらに選択肢が膨張し過ぎたため、行動面での振幅が大きくなり、自然環境破壊など、ときに悪の循環サイクルを、繰り返してしまった。結果的に、誤った過当競争と優越感が先行し過ぎたため、現在のマイナス要因を顕現化させてしまったのは残念である。そのため振幅作用が連鎖反応的に引き起こされ、その反動として多くの場面で危険水域を超えてしまった実態が、如実に教えてくれている。

生物が、一生という与えられた時間の中で、できることとできないことは、時間の経過とともに変化するのと同じように、宇宙循環そのもののサイクルも一様でないため、それに伴うすべての行動形態や思考パターンなどが自己本位になる。さらに、より脚色化され歪みが拡大し、次第にノイズが大きくなるのを防げなくなってしまった縮図が見えてくる。とくに、地球温暖化による反転作用は拡張するばかりで、これまでの常識がことごとく覆される状況に突入しているのも、その一例であろう。

だからと言って、意識や行動を集約する難しさとなると、誰もが頭を抱えてしまうことだろう。その落差こそが個性であり生き甲斐であり、人生そのものでもあるだけに、パーフェクトを求めるのは、ほとんど不可能に近い現実論として、弁えておく認識を否定できない苦しさがある。つまり、何事も、言葉で意見を発することはできても、関係する諸要件が個々に異なることから、一括りに語れない難しさが頭を過るのを阻止することはできない実態が表現している。それだけに、懸念される事態の発生による弊害を事前に察知するバリアを張り巡らせ、対策に集中する方向に落ち着くだろう。少し表現を変えると、そこから、直線的で単純ではない世界の存在を認識し、その先の可能性を最大限探ることこそ、多様性や複雑性もしくは弾力性という言葉に置き換え、新たな道筋を探り意見の集約を促進する、妥協的な解決策が見えてくる。

　つまり、あらゆる物事に対する関係性は単純ではなく、とくに人間という生き物は、外敵という当面する力のある比較対象相手が不在のため、一見万全のように見られがちである。けれど、生き物である実態からすると、矛盾する要素に溢れていて、明日のことさえ保証できないほど、予測不可能なことが多いことに表れている。たとえば、自然災害や各種の紛争、交通事故や肉親間の骨肉の争いなど連続的で不安定な要因が多く、しかも流動的で安定的ではない複雑怪奇な事態に日夜悩まされる。言い尽くそうとしても果たせない、予測不可能な日々が待ち受けていると言えるのではないか。むしろ、ＡＩ化は暗闇を相手にして語るように、掘り下げればきりのない不安定な要素が、個別の胸に例外なく忽然と浮き上がってきたりする。

　それも一つの進化と言えるパターンには違いないにしても、その分、それぞれに進捗の度合いに違いがあり、しかも人は他の多くの生物よりも新参者であるのに、個々の持つ意味合いが際立っている側面ばかりが話題を呼び、不都合な事柄は先送りされる悪癖を改める必要性を忘れがちになるのが、人間本来の未熟な部分だと言えるのではないか。むしろ、完璧を求めるほうが無理であり、誰もが多かれ少なかれ不都合な事実を、胸に包み込んでいる姿勢こそ、万能であるよりも慎み深い人間らしい姿ではないか。それよりも大切なことは、各人が持てる個性を発揮しあらゆる手段を通じて主張を続けていくことで新たな競争と変革、そして進化が生まれ新たな世界観が開けることとの関係性を重視し、異質性が尊重され生かされ容認される、社会的環境作りこそ大切にしたい要件でもある。

それにも増して、生物の世界の中でとりわけ人間社会に関しては、将来へのメガトレンド願望や科学技術と経済成長への先行投資など、途絶えることなく継続され変革されていくのが前提になっているため、前向きに対処しようとしても各種の軋轢が生ずるのを避けるのは困難となり、常に修正し是正を余儀なくされることが多い。それでも、多くは外面から状況を推測できることや、事態の変化が顕著に現れることで、関係性や可能性究明のための思索が頻繁に検討されていく。しかも、他の動物とは異なり多様なコミュニケーションツールと複雑な思索に基づく、行動優先型の対策を実行できるのが際立った長所でもあるだけに、誠に始末が悪い。

ただし、たとえば身近な存在である樹木等の場合は、気候変動や害虫、人間や動物などから被害を受けることが多く、その上表面的には動きの少ない受け身スタイルがベースであるため、一見大きな条件変化が感じられる。しかし、冷静に分析してみると、地中活動においては、菌根菌など微生物による相互活動など活発な動きにより、ヒト以上に効果的な動きが持続され、連帯感も強く生物にとって欠かせない存在でもあることを正しく認識し、対処する必要性を思い知らされる。その点、ヒトの場合は、社会的な活動分野が異なることにより、動的で異質な要因が頻繁に交錯する可能性がより強く、その分、自己利益優先意識が先行するため、競争意識が交錯し少しでも油断すると閉鎖的な要件が入り込む可能性が強くなる。しかも、手軽に移動が可能であり、かつ情報の伝達技術の発展など有利な条件が整っているため、流動的な対応が容易であり、さらに表面的で複合的要件が交錯する機会が増加するのが、際立った特色でもある。

さらに追加すれば、直面する対象者の多さと範囲の広さと複雑さ、あるいは、ときには地球規模での対象範囲もカバーしなければならないなど、実に行動主体型である点に他の生物とは異なる、独自の特徴を見つけ出すことができる。また、多数の道具を作りかつ破壊兵器を多数所持していることも、他には見られない要件でもある。さらに望めば地球の端まで、もしくは宇宙空間まで、出かけることも可能になってきた。それだけに、多国間にまたがる事件などに対処するには、国際的な連絡網を通じて捜査しなければ解決できないケースも、稀ではなくなっている。そのためには、国際間の取り決めやネットワーク網などの整備、関連規制の制定などの必要条件を遵守するしか解決できない難しさに直面する。もちろん、昨今は、情報通信技術の長足の進歩により、宇宙空間から地球規模のネットワーク網の活用が可能になり、発言機会の増加など情勢は大きな変化を見せているのは力強いが、その分雑音も増加する。

それだけ、地球環境の諸々の状況が激変していることがよくわかる。たとえば、スマートフォンで南極のペンギンが映し出された画面を見ながら交信できるなど、少し以前だと驚き以外の表現しかできない現実が、如実に教えてくれている。その意味では、人間社会においては独り相撲的感覚にはまり込んでしまう可能性が大なのに、当事者は無自覚なケースが多く、一度慣れ親しんでしまった習慣から脱皮するのは容易でない事情が、それとなく物語っている。そのため、悪意がなくても無意識的に周りの環境を支配する意識を蔓延させている悩みを、容易に修正できない課題が見え隠れする事態が、あちこちで露見する。別な表現をすれば、最初に行動に移したものが特権となり、なし崩し的に悪しき慣習を既得権化し蔓延させる悪癖から、抜け出そうとしないパターンが一つの事例である。

もしくは、一方的ないしは既成概念的意識が、支配的な流れの形成に関する考え方を主体に容認されてきた。簡単に表現すると、どんな集まりも、リーダー中心にしてまとめられてきた経緯は否定できない。ただし、そのような積み上げも、体験や情報の増加に伴い生活レベルの向上、さらに無意識的ないしは意識的に各種体験などが加味されることで、新たな局面が展開されてきた歩みの長い時間的で経験的経緯の積み上げによる、集約的成果として読み取ることができる。

もう少し要約すれば、ヒトの祖先が火を使いはじめた180万年前、およそ8000年前の農業の開始、産業革命、そして二十世紀半ばの、核時代が幕を開け、資源の利用や人口増加、炭素排出量、生物種の生息地への侵入やその絶滅という点で大きく伸びを示し、金属やコンクリート、プラスチックの製造と廃棄が急激に増加した。いわゆる大加速の循環時代があった（『アンダーランド』ロバート・マクファーレン著、岩崎晋也訳、早川書房)。この指摘も、人により年代的な違いがそれとなく散見されるが歴史的な分析の違いは致し方ないとしても、とりわけ悪影響を及ぼしているのが、川から海に流れ着くプラスチック製品で、これによる海中生物に対する被害が拡大するばかりである。そこで、植物由来のプラスチック製品で改善しようとしている動きを歓迎したくなる。それでも、反論できないまま物言わぬ動植物への公害は、深刻度を増すばかりなのだから人間の罪は深いものがある。

さらに、ヨーロッパを中心に巨大な地下空間の存在から、歴史の流れと悲惨さを知ることができる。その実態とは、想像もつかないような空間の広がりなど具体的事例で構成されており、実例中心だけに圧倒されてしまう珍しい書物でもある。とくに、島国日本では考えもつかないような貧困層の動物的扱いや殺りく、劣悪な生活環境など人類の歩みの浅はかさは、遠い過去の問題として処理し蓋をしてしまったことに、強いためらいが感じられる。陸続きであるがためのヨーロッパにおいて頻発した歴史的紛争の残虐性は、人自体が生き残るための知恵に関して未熟であったことや、当時の多くの争い事の解決策は、暴力行為に訴え勝利することが最優先であり、そこに欲望動機と情報不足や地理的条件も大いに関係している事実が、明快な描写により強く印象付けられ、風土的ギャップも加わり悲惨な体験を重ねてきた詳しい歴史が見えてくる。人種差別や人権問題は、陸地続きのヨーロッパに起源しているように感じられる。広い国土の地下には、未だ予想外の実態があちこちに隠されているだろう。

ともあれ、事の本質的要因となるのは、支配欲という誰もが持っている欲望とそれに続く既得権の拡大による保守的意識の醸成が起因であることが、それとなく推測できる。つまり、物事の成熟化は必然的に専門性を高め、同時に部門が大きくなると縦割り組織支配が幅を利かすようになる傾向は、動物集団に共通する権力闘争という意識的行動が増幅された、集積的な知恵でもある。それが身近で現実的で直接的であり、生き残る上で、本能的に一番効率的処方箋だと信じられてきたからに他ならない。もしくは、それ以上の処世術が、当時としては浮かばなかったことも十分考えられる。その先には、決められたルールを守らせることで、身の安全と結果として組織を統一的に運営できることで、対処してきたと受け止めることができる。そのベースにあるのは、組織的な意識・認識の徹底であり対立する相手を、恣意的に弾き出す効果をもたらす手段として活用してきた、主たる狙いが浮かんでくる。

だからこそ、言葉と仕組みと行動は一体であることが望ましく、指示と命令を統一できる捨てがたい方式として定着し、最善策として採用されてきたことが容易に想像できる。しかし、時間の経過とともに人々の意識変化と要望が増えることにより波乱含みとなり、そして相互の協調路線が次第に芽生え、さらに諸々の現実に沿った試みが受け入れざるを得なくなってきた。また道具や武器などの開発による加速度的な環境変化の芽を抑えることができなくなった状況が、象徴的要因として読み取ることができる。

もちろん物事はそれほど簡単ではなく、人を動かす仕組みと中身は、時代の流れに伴って少しずつ変化するのが特徴的であり、それでも、基本的な部分は簡単には変わるものではない。それは、働く側も管理する側もお互いに慣れ親しんだ行動規範を変えるのに抵抗感があり、既存のスタイルを維持することのほうが、何かと都合よく便利で違和感が少ない。そこには、しがらみから容易に抜け出せず、暗黙の習性に委ねるという悪い癖にはまり込んでしまう事態が多発したケースなども見落とせない。ただ、いつの時代においても、利害や便利さ慣行などは、行動範囲や改革などとは一線を画す悪癖に陥りやすい危険性は否定できない。

つまり、何らかの強い動機づけがなければ、枠組みを無意識的に守ろうとするパターンに入り込み、気づかないまま継続されてしまう。注意したいのは、自己保身と立場を守ろうとする共通の意識が、同居していることを忘れ、知らず知らずのうちにマンネリ化の罠に落ち込んでしまう。そのため既存の習性の改善は遅れがちになるのは避けられず、時代錯誤や既得権を守ろうとする意識の交錯に悩まされるという、人間社会特有の思考から抜け出すための、エネルギー消費こそないがしろにできない。その主体性は、脳の中枢的働きを司る細胞との間で交錯する葛藤と、動物特有の心理的側面に左右されるという、永遠に交錯するジレンマとして、これからも前面に立ちはだかり続けることだろう。

片や、このところの労働環境に関する課題の雪崩式ともいえる改善傾向は、人材確保を優先する上で、これまで双方の利益が相反するケースが多かったため、納得できる妥協点に到達するのは容易ではなかった状況から、時とともに流動的な変化を見せているのは時代的進展の明確な道標でもある。その分、結果的に誰もが新規事業への参入が容易になり、かつ、人同士の平等意識や能力主義意識が浸透し、働く環境に関する自由度が改善されてきたことを表現している。たとえば、あれほど厳しく規制されてきた副業までも奨励する動きが、大企業を中心に広がっているのは、労働環境が大きく変化してきたことを示す、格好の事例と考えられる。

　また、正規社員と非正規社員の問題には課題はあるものの、一生同じ企業に勤めるかどうかという流れにとらわれない、個の判断の尊重など新たな形による可能性の芽が次々に花開いている。これは、個人の自由を自社人として鳥かごに入れ束縛してきた枠組みが外れ、有能な人材確保と柔軟性のある人材として能力発揮を促す取り組みへと、大きな変身ぶりを見せている。これは、時代性や国際的な競争環境の厳しさを乗り切るための、複雑性意識もしくは平等性と自由意識が生み出した、時代的なケースと受け止めることができる。

　また、人材確保の悩みやデジタル時代における自宅勤務、もしくは転職や起業の増加など能力を多面的に有効活用し、社会的貢献なども含め可能な限り人生を謳歌したい。あるいは、家族との時間を大切にしたいなど、大企業にどっぷり浸かり安全な生活を楽しみたいとする、安易な意識を転換させる時代的要請も大いに関係がありそうだ。その意味では、さらに、企業選択や働く場、起業などの流動的潮流は、着実に変化していくのは避けられない。つまり、起業の増加や特定企業に縛られていた定番的時代パターンから、個の発想と意志のもとに、新たな事業を切り開く環境に移行する流れが、強く感じられる。ここではプラス面でのジレンマと考えることができる。

　そこには、時代的な枠組みによる固定観念ではなく、より柔軟で流動的な発想と行動力が一層高まっていることへの明確なシグナルでもあり、もはやこのような状況が後退することはなく、新たな社会的ニーズを掘り起こす深みのある方向性が模索され続けることだろう。なぜなら、デジタル化と人工知能がリードし強力にサポートしてくれる、特異な現状認識こそが明確に示唆している。そこに、新型コロナウイルスによる圧倒的な世界的影響とこれまでにない波及的困難に直面し、世界的規模でのショッキングな事態に遭遇したことで、既成の習慣や言い回しで済まされてきた事態への反省と対策への理解が高まった。だがしかし、新たにエネルギー効率の良い働き方ないしは行動力、そしてマンネリ気味の多面的な無駄の排除など、課題は山積している。同時に、意識的で弾力的な思考力が加味される余地が広がってきたことを、明確に認識できる環境が整備されつつあると言えるだろう。とりわけ、論理や理屈ではなく現実の必要性に基づき行動に移せるツールを手に入れたことの意義は、遥か彼方まで無限の可能性と夢が広がっていくことを、強く意識させられる潮流と理解したい。

その上、古くからウイルスという最強のライバルに苦しめられた教訓が、今後の新たな指標としてかつ人類に突き付けられた課題として、生かされるだろう。ともかく、人対人の関係に機能満載のデジタル機器と情報に支えられた、力強いサポーターが出現した意義は、魅力的でかつ強力である。そして、後ろ向きの保守性に固執するのではなく、前向きな可能性に思考を転換させる意義は、無限の価値を生み出してくれると思わずにはいられない。もちろん、同時に事は、それほど楽観的ではないことも頭の片隅に置いておくゆとりもほしい。すべて事柄が成功することなど、地球上における大から小までさまざまな個体が存在する強力な競争環境においては、通り一遍で済ますことなどおよそ無理難題なのだから、大らかに対処する反転思考も忘れないようにしたい。ここまで、物事への意識転換や行動には、正反合にいたるさまざまなジレンマが付きまとい進展している実態について、思いつくまま取り上げてみた。

補足的に、物事に付随してジレンマが発生することで、予想外に思考が進展することの意味合いについてランダムに取り上げたい。それは「相補性」という考え方であり、その最も基本的な形態においては、一つの事柄が異なるいくつもの観点から考慮されるときには、非常に異なる、あるいは矛盾する複数の性質を持つように見える可能性があるという考え方だ。世界は単純であると同時に複雑であり、論理的であると同時に奇妙であり、法則に従っていると同時にカオス的だ。人間もまた二重性に包まれている。私たちは小さいと同時に巨大であり、儚いと同時に長く存続し、博識であると同時に無知である。相補性を重く受け止めないかぎり、人間の状態に正しく向き合ったことにならない（『すべては量子でできている』フランク・ウィルチェック著、吉田三知世訳、筑摩選書）。著者はノーベル賞物理学者であり、自身も相補性の考え方が、目からうろこが落ちるような有益なものだと気づき、かつ精神を拡張してくれると述べているのが印象的である。ジレンマとは、どこまでも波乱づくめであることに行き着く。

4　情報価値

現代社会は、便利さの代償としてあらゆる物事が、情報と結び付いていると受け止めるのが、現代的な解釈なのだろうか。もはや、情報なくして社会活動も日常生活も送ることはできないほど、深い関りでつながっているからなのだろうか。生物は一般的に、方法や手段は異なっても何らかの手法で、情報を相手に伝えコミュニケーションを取り合い、相互の関係性を維持している存在でもある。もちろん、生物以外でも、物理的な作用による言葉と同等のサインなり動作で表現して情報交換していると理解しても、間違いではなさそうである。象も人にはわからない電波を発信して、お互いにコミュニケーションを取っていると言われている。驚くのは、樹木も手段は違っても会話していると言われているのは、人には聞き取れなくても、複雑に交錯している根細菌や微生物などを通じて情報交換し、自然環境と調和しているとされている。なぜなら、樹木も人間と同じように、出自は細胞で構成されているのだから、生命を維持するため根によるネットワークや菌糸が仲介役になり、独自の情報が交換されていても何ら不思議ではない。また、たとえば岩や氷河なども、気候変動や寒暖の差、雨水による浸食作用などによる変化も、一つの相互作用であると解釈できよう。

無人の星空の世界であっても、何らかの音などと無縁だとは考えられず、引力や重力による作用音がそれとなく関係しているのだろう。それに対し、人の社会では、情報とは、まず言葉ありきと解釈するのが常識である。人類がその大切な言葉を発することができるようになった時期は、およそ10万年前だとされているが、そこを境にして今日までの飛躍的進展の効用は、かけがえのない財産となり、人類の繁栄を支えてきたことは、ここまでの時間的推移や進化の様相、そして昨今の生活実態から明らかである。ただし現在でも、深い森の中で部族間だけに通用する言葉で情報発信し、ほぼ孤立した生活を営んでいる人たちが点在している姿を、少数であっても目にすることができる。時代的落差ともいえるアンバランスな実態も実に貴重であり、時間がこれだけ積み上げられてもさして進化せず、伝統を守り続けている多様な実態から、地球の奥深さと一面の安堵感とが混在する多様性が、今日へ持ち込まれている意外性を教えてくれている。むしろ、隔離し生活を続けている姿に驚かされる。

ともかく、大多数の人々がそれぞれの共通言語を使い、時間の経緯に伴いより効果的に適宜修正を加え、相互に各種の情報交換をすることでコミュニケーションを図り日常生活を多様なものにしてきた。振り返ってみれば、まず言葉・会話による情報から文字・絵画・壁画、そして文字を文章にして人に伝えることを学び、次に離れた相手に手紙の形で送り届ける。あるいは書類や書籍、通信などの形で保存し後世に伝える。さらに、モールス通信から電話への移行と遠隔地へと送信を可能にし、そこにコンピュータ・ネットワーク化を実現するなど、今日の飛躍的で圧倒的進展を実現させてきた経緯と成果は、誇るべき大変革と言えるだろう。まさに、言葉を原点にして膨大な情報を拡散させ、一人でも多くの人の視覚と聴覚や味覚に訴えることで、影響力を拡大する戦略を展開し進化してきた歴史が重なってくる。否が応でも、貴重な歴史的変化とプロセスが、鮮明に多面的に蘇ってくる。

もちろん、クジラ、ハト・カラスやイルカなどは知能動物の一角を占めており、それなりの手段で情報交換しコミュニティーを形成し集団を維持している。人類ほど多彩で自在に情報交換できるわけではないにしろ、まったく比較できない代物ではなく、ハトやイルカのように簡単な数さえもわかる種も存在しているらしい。それにしても、巷間で伝えられている情報では、人の進化の引き金になっているのは、多分にウイルスとの戦いや相性の違いにより生み出された突然変異による差であるとしたら、将来的に人間と同じような進化の道を辿り、新たな生物が地球上に出現する可能性も否定できないことを、暗示しているのではないだろうか。だとすると、エイリアンは地球外からだけではなく、意外にも身近なところから現れるケースも、全面的に否定はできない。

ともかく、人がこの世に存在し言語機能を失うことがないかぎり、言葉が消え使用する必要性がなくなることなど、考えることはできない。むしろ、情報とは現状までの発展的経緯や機能性などからして、欠くことのできない絶対的要素であるだけに、異常な突然変異や強烈なライバルの出現、予期できないほどの甚大な障害でも発生しない限り、無用化することなど常識的には考えられない。むしろ、言語を獲得したことで現在に至る人間社会が構築され、しかも夥しい課題と向き合い対処してきた歴史の流れこそ、要約的に表現すれば偉大な成果を生み育んできた最重要の要素であり、人社会の現状を維持できている、根本的な要件なのだと括ることができるだろう。

もちろん、その道のりは平たんではなく、とりわけ、並行的に人口が増加することで集団が大きくなり過ぎ、必然的に生き延びるための争い事が多発し、抑制できなくなった無数のケースが後を絶たない。同時に、領土の拡大や各種の資源や食料の確保のための紛争など、いくたの苦難の道を歩み勝者となるためのツールとして、情報の有効活用が決め手になったことが、歴史形成の要件とプロセスとなり広く認識されてきた。その中で、先進的で言語内容に優れ説得手段に秀でた知恵者こそが、勝者として君臨してきたことからして、言葉が最重要な手段であったことは、歴史的にも余すことなく証明されている。これらの流れを通じて、文字による伝達と文化形成、言葉として発せられた情報が、何種類もの手段に置換され組み合わされ、必要不可欠なツールとして加工、活用され現在に至っている。改めて生命と情報の一体感と有効活用により、今日の人間社会が形成されていることを再確認することができる。

考えてみれば、情報とは身近なコミュニケーション関係から派生し、年代を重ねるたびに成果の上澄みとなり蓄積されてきた。現在は、社会生活全般やモノづくりまで投射し、経済活動の拡大と活性化、科学技術の発展や文化活動の向上、高度な建造物や知的財産の蓄積などあらゆる物事の中心に位置取りし、かつ随時レベルアップされ、スピードアップされまさに潤滑油としての重要な役割を担っている。もちろん、すべてが順調でありプラス面だけ強調することで、納得することはできない。たとえば、悪しき情報に惑わされいくたの戦争や貴重な施設や歴史的遺産の破壊、地球資源の独占的使用、さらに、殺りくや放火など数えきれない残忍な行為が、止むことなく繰り返えされてきた劣悪な側面も冷静に受け止めなければ、公正な評価とは言えないもどかしさを、捨て去ることなどできるはずもない。

とりわけ強調しなければならないのは、この情報をストックさせ「加工する」という複雑で高等な手段を人類が獲得してきた貴重な財産こそ、何物にも替えられない成果と言えるだろう。そこには、多様な生産手段や生活スタイル、文化の継承など限りない目録を地球上に記録してきたとも言い換えることもできよう。しかも、今や言葉を人工ロボットが代替して会話し伝える地点にまで到達している含意も、意義深いものがある。そして、ハイテク化の動きは止めることができない側面として、後世に語り継がれていくだろう。

さらに、そんな歴史の流れを何回経験しても留まることはなく、現在はさらに科学的に装備された高度の通信情報戦争に突入していると解釈しても、ほとんど異論の余地はなさそうである。むしろ、今や置き換えられドレスアップされた高度なデジタル情報に特化変身しより迅速性を具備し、さらなる付加価値を高める競争が激烈になっている先陣争いは、留まることがないことから納得せざるを得ない。ただ、その一方に付きまとう、悪しき余韻と言える不平等や所得格差、悲しき貧困など解決困難な課題が、際限ないほど派生するという、残念な現象に悩まされ続けている。これらの問題の難しさは、永遠の強い願望である、平等という不可能に近い対処方法を見つけ出したいとする宿願と並行して、根底に潜み続ける困難さや悩みから抜け出せないでいることで理解できる。ときには、むしろ悩みが拡大され不透明化するという、悲しき現実が横たわっている実態がある。

そのため、どのように情報化が進行しても、また、いくら認識を深めてみても、実行に移す手段や解決策に対して、限界という各種の壁に跳ね返されるという、苦々しい現実を再認識させられている。むしろ、地球上の多様な環境から関連的に派生し、さらに地政学的に異質で対処困難で避けられない要件が、後ずさりさせてしまう難しさを生んでいる。しかも、すべての人が同じ条件で生活することなど不可能な話であり、近づける努力はしても、正解らしきものに近づけるのに、困窮してしまうという現実から抜け出せないでいる。本来多様性がベースである、ヒト社会の栄華の陰の悲しき矛盾点は、各地で繰り返し現れる天候不順や食糧不足、医療体制不備など多様なマイナス要因の解消など、むしろ混迷を深めている状態である。これら難問の多くは、環境サイクルの変転など、御しがたいパターンで現れるから実に厄介である。

もちろん、全体としてある程度の底上げはできても、共通的に、継続性や気象条件や地域特性など難問ばかりだけに、いくら努力しても正解を出せない苦しさを捨てきれない。苦しいのは、人それぞれ姿かたち意識や意思、慣習などの違いがあるため、平等に近づける努力ないしは違いを包み込み、どうにか、リップサービスや平等を追い求める言葉レベルに終わってしまい、解決できる道筋は混沌として容易ではない。

残念ながら、少しばかりの光明は、国際的な認識が浸透することで、世論を高めある程度の成果を期待するしか、当面の方向性は見いだせそうにない。また、たとえば、地球を取り巻いている情報網を活用し、環境改善のヒントにする方法も有効ではないか。その点では、以前よりは支援の選択肢が増えたことと、意識変革への協力手段など状況改善に向かっている事例が増えているのは、わずかな救いと言えるだろう。また、情報伝達手段の多様さなどが、従来の貧困が貧困を呼び込む状況から脱出する動きにつながるなど、前向きな灯りがともり始めるなど、これまでとは異なる変化も感じ取ることができる。一方で、砂漠に植林した樹木が成長し井戸水が飲めるようになった。さらに、野菜などの栽培も可能にするなど生活環境が変化した事例など、貧困に打ち勝つ希望と実行力こそ、これまでの絶望一方の状態から、多少なりとも光が差し込み変化の兆しを感じ取ることができる。加えて、デジタル情報を活用し起業し現状改革に取り組んでいる事例など、従来では考えられなかった意識改革にも期待したいものだ。

つまり、近代化された生活環境は、現況のデジタル化に象徴されるように、個々に情報取得しコミュニケーション環境を一変させる動きが、活発になっている。片や、冷静に受け止めてみると、多くの時間を情報に支配されている実態には、便利さとは別に心理的な不安がよぎるのは避けられそうにない。毎日が過密で一般的な情報に振り回され、そして圧倒され精神的な不安に悩まされている環境に、どっぷりはまり込んでいると言える悩ましさは増幅し、解消されそうにない。同時に、生活水準を持続的に引き上げ維持するためには、必要エネルギー使用量の増加は避けて通れない。自動ドアの開け閉めにもエネルギーが必要であり、電気製品の待機電力も馬鹿にできない。モバイル製品の充電期間もむしろ増加傾向にある。

技術進歩による便利さに慣れすぎ、意識外のエネルギーロスや目に見えないデメリットに気付かなくなり、その分益々重装備化され便利さの代償としてのコストアップを伴い、その対策に持続的な開発投資が重なり続け、実態としての豊かさの実現を困難にしている。まさに、終わりなき欲望により格差の拡大と虚飾的豊かさを追い求め、いつの時代においても空しく通り過ぎていく悩みから解放されることはない。となると、本質的豊かさとは、どのような姿なのか、むしろ混沌としてくる。やはり、最終的には、各種情報の質的価値がカギを握っていることに、行き着くのだろうか。

それでも、変化への願望は、変わることなく前へと進まざるを得ない。また、生き残るためには、日々不安を感じながらも周りからの競争情報に刺激され誘導されるため、後れを取らないように必死に情報掌握し、対策を練り上げなければならない。一方で、個々の自己判断だけでは追いつけず、目に見えない新手の細菌やウイルス対策、さらに、増えるばかりのネット上からの誘惑情報など、常に不安に巻き込まれるという猜疑心と恐怖感にさらされる。それも、ビジネス活動から社会的活動、さらに個人のプライバシーに至るまで休むことなく脅かされ、精神的に休まる手段も暇も与えてくれない。目先の便利さは倍増しても、大事な精神的満足感が揺れ動くという矛盾と圧力が、絶えず追い打ちをかけてくるからだ。しかも、このような複雑な環境は留まる様子を見せず進化するとしたら、この先、高度化社会における焦燥感が消え去ることはあるのだろうか。

つまり、情報という両刃の剣は、メリットとデメリットが同居していることを頭に入れておかないと、わずかな間隙を突いて容赦なく打ち込んでくるから、少しも油断できない。そして、デジタル化は情報戦争がもたらす影響力を憚（はばか）ることなく天下に公表し、しかも技術進歩の波は留まることを知らぬげに追走するのを見越し、悪意のウイルス攻撃も休むことなくサイバーセキュリティー網を突破しせせら笑いする。そして、善意のユーザーの精神状態を悪化させ不信感を抱かせ、休むことなく追い打ちをかけてくる。何という意識を逆なでする裏技ではないだろうか。技術の進歩を後追いしている不慣れなユーザーにとって、このブロック困難な敵と闘い身を守るために引き起こされる、エンドレスのストレスをどのようにして克服していくのか。休むことのないデッドヒートにより産み落とされる悩みは、進化状態が止まらない以上どこまでも尽きることを知らない。しかも、ビジネスと悪意が一体になっているとしたら、誠に始末が悪い。振り込め詐欺なども、あの手この手で攻め込んでくる一例といえるだろう。

それでも、一面における、相互の攻防が技術進歩を促す役割を担っているだけに、個人としても、それなりの安全策を身につける努力が必要になる。たとえば、日常生活に直結する暗号解読戦争をスーパーコンピュータで勝ち残れる時代が、いずれはやってくるとされているが本当だろうか。確かに可能性は高いものの、それ以上に新たな脅威が追い打ちをかけてくるだけに、現時点では不安を打ち消すのは容易ではない。コンピュータのバージョンアップは有難いが新たな機能が追加され一時的安心感は得られても、それ以上の狙撃手が必ず現れるから安閑としてはいられない。ここにもまた、コストとの競争関係が際限なく重くのしかかってくる。

生物が生き残っていくために必要になる情報の価値は、考えてみれば、生きることそのものを象徴しているとも言えるだろう。絶え間ない知識の蓄積や発信により拡散されることで、情報が情報を作り出し付加価値がさらに高度化されていく。ときには善意ばかりではなく悪意のものも加わりひたすら攪拌されながら、社会的活動を支えるための接着剤的な関係を生み出す。その意味では、情報によるコミュニケーションなしには、満足できる社会生活を送ることは不可能であり、絶え間ない環境変化の中に身を委ねざるを得ない側面でもある。こんな不安を抱えながらも、時代というねりの中で善悪の判断が下され、前進したり後退したりしつつ時間に押し流されていると、解釈することもできる。その意味からして、情報がもたらす社会的価値の粘着性は、生あるものが生命を持続するために、相互不可分の関係を担っているだけに断ち切ることとの困難性を、強く思い知らされる。情報のないところに生物は存在しないことと同じ意味であるだけに、その関係性を断ち切ることも不可能であることも、渋々と認めざるを得ない悲しさがある。

とりわけ、経済活動を中心にした生産から消費に至る、連綿と継承されている生産活動を過激気味に誘導する情報が果たす役割は、今まで以上に脚色化され上滑りになり、さらにスピードアップと複雑なパターンが交錯し、満足度に関する期待と競争激化による負荷要因とコストを、ユーザーは無意識的に負わされていることに気付かされる。つまり、各種のセールスプロモーション情報による、扇動的で購買意欲を刺激する手法が定着していることから判断しても、電波情報が生活のあらゆる場面を先取りしている有利さを見事に裏付けしている。常に、ダイレクトに消費者に情報を届けることで、購買意欲を駆り立て消費に結びつけられる有利さを活用している。そのため、消費者は半信半疑であっても、巧みな宣伝力に操られ不安を抱えたまま、購入するパターンから逃れるのに苦労させられる。

裏を返せば、どの世界においても先に情報を支配したものが勝者となる可能性は否定できず、産業関連であれば、結果的にリーダーとしての地位を維持しやすくなり、大規模化することで有利な取引条件が確保できるため、強引な競争が繰り返されるという厄介な関係が生まれてしまう。そのことは、今日の寡占的な通信情報大手の存在が、明確な実態行動で証明している。もちろん、勝者になるのは並大抵ではない。まさに、市場シェアと資金力の多寡で情報力が強まり取引条件を有利にする、終わりの見えないビジネスゲームそのものでもある。しかも、これまで以上に、関連事業の買収や多面的で国際的な競争関係などにも、常時影響力が及ぶだけに有利さは強化されても、少しの油断も許されず、神経が休まる暇を与えてくれない。もちろん、平家物語の「盛者必衰」の理は、形を変えて連綿として持続され、自由競争の原則からして、これからも大幅に変わることはないだろう。

それだけに、情報が有する独特の価値と影響力や動静は、当事者側にとっても計り知れない推進力になり、持続することで有形無形の企業価値が瞬く間に高騰し、関連市場に自ずと浸透し拡大できるメリットが考えられる。まさに、情報が有する魔力であり価値創造の有難く貴重なツールでもある。ビジネスの基本原則も、煎じ詰めれば情報力の優劣と技術力、さらに市場動向やイノベーションの促進、メンバーの多様性、加えて時の運・不運などが重なりあい、短期間でも優劣の差が付くケースが関係市場で交錯し定着する。もちろん、先行する情報力と決断力と迅速に意思決定ができる経営態勢などが整備されている経営体は、可能性の芽が連続的に現れ事業拡大体制が一層容易になる。しかも、今ではグローバルなネットワーク網を簡単に展開できる環境にあり、地球の裏側の情報であれ、極地やアンダーランドのケースであれ、結果的に社会的ニーズに寄与できるものであれば、可能性の芽は地球の果てまでも膨らますことができる。こんな様相は、時代的進化のメリットを最大限活用し多面的な活動を可能にした技術革新に支えられ、根を張り巡らし実績となって貢献してくれる。これこそ、企業形態を、ダイナミックに転換させてきた象徴とも言えるだろう。

つまり、必須事項でもある情報のスピード感と社会的ニーズ、さらには自然環境保護などの要件が整えば、発展的胞子が知らぬ間に根から枝や葉を広げ、スピード感を伴い新たな場面に導き入れてくれる。複雑性的な言葉では創発的働きや相転移、ないしは自己組織化による成果と、受け止めることができる。しかし、忘れてはならないことは、単に情報に振り回され主体的な思考や活動にデメリットを及ぼす場面だけは避けたいものだ。むしろ開かれた未来志向の生活環境を維持できる方向性を見誤らない、客観的で持続的な英知の集約と先進性の形成により、時代に相応した安心感のある健全な道標を提示してもらいたい。ただし、寡占化状態は意外なことに、何かと課題が多く組織的水漏れやユーザー不信感が表面化する確率が高いだけに、ゆめゆめ油断は禁物である。この先、とくに大きくなり過ぎ、国際的な影響力を持ち、必然的に情報力のある大手企業各社が、どんな形で軟着陸していくのか。注視しながら冷ややかに見守りたい。現実に社員の解雇などの動きも出始めている。

このように、ＡＩ時代の到来は、情報通信企業中心に情報価値に対する認識がさらに高まり、ハイテク時代を先導するツールとしての利便性も評価基準も、最終的にここに収斂する可能性が極めて高いことが納得できる。つまり、国際的通信情報がこれだけ身近になり、しかも誰もが参画でき意思表示可能なツールとして常時活用できる時代が到来したからこそ、従来と異なる判断基準の向上と多様化とともに、枠組みが拡大できた流れに行き着くことができる。それを乗り越え対応し実践できる組織体こそが、社会的な価値基準を高め全体的効用性の向上に寄与することが期待できるからである。それだけに、従来の価値観による技術レベルに固執していては、時代のニーズに適応できなくなる危険性が高い。迅速でスピード感があり最終的には自然環境改善に繋がるかじ取りこそ、必然的な指針として織り込まれていなければならない。それに応えられ、別次元の戦略を提起できる柔軟なビジョンを打ち出し、規模拡大だけではなく、時流を先導できる経営体質の確立と先端性が欠落しない努力を怠ることはできない。

これまでも、情報の重要性は常に指摘され続けてきたが、膨大な情報がネット上や企業体などに集積され、そこに商品価値向上と連動する仕組みが形成されたことで、新次元の情報価値を創出するパターンが一層明確になってきた。取り分け、ビジネス活動に柔軟性と複合性などを付加することが可能になり、間口の広い戦略構築や意思決定が容易になり、相対的付加価値を生み出す必須のツールとして、短期間の間に最前線に躍り出た感がある。そこに、人工頭脳や機能が向上した知能ロボットが加わり、新たなハイテク革命に突入したことで、情報の付加価値がさらに高まり、ハイレベルな競争環境が展開され、別次元の市場拡大への夢が膨らんできた。

たとえば、工場のハイテク化による生産性向上はもはや必然的な流れであり、また、汗水たらして販売促進に勤しむ手法も、これ以上改革の余地が見いだせなくなってきたところに、生の情報をコンピュータ処理で的確に分析し、先手必勝の戦略を打ち出し、さらに次々と新たな経営手法で新商品開発や環境優先意識を先取りし、ユーザーニーズを誘発し効果的な選択肢を広げることで、飛躍的に成長を推し進めてきた。そこには、アジア諸国をはじめ、多くの国々の経済成長が著しく活動戦線に割り込む力を備えてきたことで、経済環境が変化しむしろ貴重な競争関係が構築されつつあると捉えることができる。また、ユーザー参加型で発信力や満足度が向上している点も見逃せない。その上競争前線への参画人口の増加という、オープンな環境による市場開拓と消費動向を喚起してきた、これらの基本的な変化要素にかかわる進捗度も見逃すことはできない。

さらに、モバイル情報の活用により、瞬間的に地球サイズの情報が飛び交い、しかも誰もが自由に意見を発信できる、革新的な訴求環境が整ったことなどが挙げられよう。その分、大量の生の個人情報をデータ化できるようになったことは、将来に向けた画期的変化でもある。もちろん、何かと騒々しさをもたらす競争環境の流れは、全面的には歓迎できない側面など検討の余地はあるとしても。このように、情報の中身も質もレベルアップされ、その分組織活動を効率化し、ときには無駄を省き社会全体の経済性を高めるなど、多面的に貢献してくれている。もちろん､行政改革や公的サービス向上に向けた取り組みなどは､将来的にはマイナンバーカードのような管理社会的側面が強くなる傾向は否定できないとしても、情報管理体制の進化に伴うニーズの掘り起こしと社会全体のうねりを止めることは、もはや不可避な情勢に突入していると言えよう。

このように、情報処理に関する意識は技術革新の促進により大幅に転換され、高齢者やモバイル音痴の人などは素通りされることはあったとしても、先端的分野の人々中心にこれまで以上にスピード感と質的な面での認識を大きく転換させたことが、従来と異なる新次元的な経済環境へ導き出したと考えられる。そのことは、自然現象による重力的な変化はともかくとして、人間本来の言語からスタートしている情報の高度化とともに、高性能のコンピュータに象徴される個人情報の抜本的活用、社会的活動の動静分析から生み出される情報の有効活用による、新資源化の発掘と推進に繋がっている。また、全体的生産活動はもとより、生産物の製造プロセスや需要と供給とのバランス化、消費動向の変化や物的流通など総合的対応や高度化の流れが、休むことなく進化し続け、情報化社会へ大きく貢献していく。つまり、情報ありきの社会形態は、ＡＩ化や人工ロボットの参画などによりさらに流動的でハイレベルの活動システムがいとも簡単に開発され、次々と進化する動的要因となり、今後への希望をさらに膨らましてくれる。

もちろん、進化過程において齟齬が散見されるのは仕方ないとしても、あらゆる社会活動も生産活動も情報に置き換えられハイスピードで処理され、複合的な模範解答が有機的に提示できるようになるだろう。そして、次第に情報に関する認識が塗り替えられ、むしろ指針的役割を担うことを期待される社会へと進化していくだろう。現代のノアの箱舟は、とてつもなくハイテク化され宇宙空間さえ攻略しようと試みているほどだが、あと何年たてば実現可能になるだろうか。資産家中心の宇宙飛行も、ついに実現の幕が切って落とされたが、その先の展開は厳しいものが感じられる。

ただし、これまでは、人間主体にした情報交換により、成否の判断が下されてきたものから、次第にコンピュータ判定に依存する割合が高くなり、最後の判断だけは人が決定する流れを拒否することが、困難になるだろう。たとえば、人工知能の高度化や普及が後押しし、さらに、日本が開発した「富岳」のような超高速コンピュータや将来の量子コンピュータの登場で、情報累積と処理能力、そして高度な解析能力などが加味されて、複合的判断が瞬時に導き出される社会が到来していることを裏付けている。必然的に、未知の領域に関するプログラム開発なども期待され、ハイテク環境は休むことなく前進していくと考えられる。そのため、人と情報処理との距離感が直線的に接近することへの懸念の声が、大きくなるばかりである。それだけに、人とロボットとの主体的枠組みをどの基準で守り通せるのか、やり過ごすことのできない重要な宿題でもある。このように考えると、将来的には情報という概念そのものが置き換えられ、むしろ、これまで以上に、すべての行動が情報に始まり情報に誘導され、バリアフリーとなり社会的認識も変化していくと思われる。

もちろん、すべての行為が情報主体となると、情報にとらわれ過ぎて異質のものを容認することを忘れ見落としてしまい、結果的に墓穴を掘らないよう注意しなければならない。さらに、情報化することで、すべてが解決できるという認識には、ときに歪曲性や内容の軽重性などのチェックと同時に、ハイテク化や複雑化し多様化するニーズと、積極対応できるだけの対応力を意欲的に身に着ける、並行的な努力が求められることになる。同時に、個々により正しい物差しを持ち、緻密でありながら融通性のある思考パターンを身につける心構えと、常に持続的で相対的レベルアップを積み上げる必要性に迫られるだろう。

また、あまりにも情報主体になり過ぎることで無意識的に依存傾向が強くなり、個人として人間として見失ってはならない大切な主体的認識が後退し、大衆迎合的流れに満足するなど、懸念材料が増える傾向を見過ごしてはならない。むしろ、これまで人類が培ってきた知見に基づく、崇高な理念の高揚を持続させ精神的安定性、論理的ないしは合理的思考を積み上げ、社会全体として無駄なエネルギーロスをなくす努力を継続したいものだ。また、デジタル中心のハイテク社会は、手短な楽しみに溢れているものの、その分、ケアレスミスの増加や無機的で人の持つ温かみを忘れてしまい、殺伐として表面的な合理性に溢れた社会に変質しないよう静かに見守りたい。

あくまでも、ヒトとして時代に沿った整合的な方向性を見誤ることのないよう目配りし、有用な情報を取捨選択ができる知性と判断力の幅広い向上に、さらなる努力を持続したい。同時に、崇高な理念の涵養(かんよう)も忘れず、かつ前向きで自律的で生産的生き方と、弱者やか弱い生き物に対する人本来の寛容で思いやりのある生活パターンを保持したいものだ。ともかく本来の役割を見失うことなく、限りない情報価値を創造し活用する姿を追い続ける意識を持続しなければならない。

5　専門性と役割分担

自然界における、雑草や小さな植物あるいは小さな生物は、大きな生き物と比較すると、先入観的に潜んでいる誤った観念から存在価値が低いのではと感じ取ってしまう危険性がある。しかし、それは人による驕りと知識不足からくる、偏見が大きく関係していることに痛く気づかされる。正直なところ、なぜこれだけの動植物が地球上に存在するのか、それだけで驚きであり感動的でもあるのに。つまり、一般的に大きなものに目が引かれ興味が向かい、その分小さな物への配慮が疎くなるきらいを捨てきれず、誤った認識を持つ傾向に陥りやすくなるのではないか。だが、ここにも、それぞれに出生するチャンスが平等に与えられこの世に存在し、たとえささやかであっても、周囲との調和や小さな生き物として認識以上の役割分担を果たし、淡々と共存している姿を見るにつけ、差別化してきた自意識のお粗末さにはっとさせられることが多い。素直に大きな間違いであることを反省し、表面的な理解で他の生物の存在価値を誤解していることを、痛く反省させられる。煎じ詰めれば、無用の長物が漠然としたまま生き残れるほど、取り巻く環境は甘くはない反面、多くの命が自由に活動できることの神秘性と奥深さこそ貴重であり、地球本来のあるべき姿なのだから。

それぞれの生命が、独自の領域において新陳代謝を繰り返し、生命を維持している奇跡的で素晴らしい実態を理解することで、たとえ偶然に生まれた生命であっても、必要とされる事柄が必ず存在するからこそ、生命維持の可能性に繋がる循環性に拍手を送りたくなる（まさに相互い（あいみたがい）の世界観と言えるだろう。認識不足の人類の勝手な振る舞いこそ気にかかる）。もしも、不必要な生命だとすると、いくらあがいてみても、進化できないまま淘汰され消えていく運命にさらされるのだから、存在する役割と生命観を正しく理解することこそ、命の尊さの本質が見えてくるのではないだろうか。また、この不思議な関係を謙虚な原点として大事に受け止めることで、相互理解と新たな価値観へと導いてくれる。結論的には、多種多様な生物が生存していることが、相互に循環的役割を担っている客観的な証とも解釈できる。これらの関連性を掘り下げることにより、思考パターンを正し修正する謙虚な心構えに繋がると理解したい。

また、弱肉強食の世界において食物連鎖の一片を担っているからこそ、存在価値が評価されるのであって、人が地球を支配しているのでも万物の長でもなく、生あるものはすべて存在理由があり、さらに、生命の存続という欠くことのできない厳粛な役割と合わせ、循環性を維持している意義と必要性を改めて実感させられる。むしろ、雑草や草木なども数の力や意外性で、生命力や存在感をそれとなく訴え、堂々と役割を果たしていることが実感できる。ともかく、このところ雨の日が続き気温が高い季節になると、雑草などの伸びの速さは驚異的であり、改めて強い生命力に圧倒される思いがする。放っておけば瞬く間に辺りを埋め尽くしてしまう強靱さには、むしろ敬意を表したくなる気持ちが湧いてくる。ときには、人が現れる前までは、地球上はもっと自由であり緑に覆われ管理もされず、自然の生活を謳歌していただろうと、感じられずにはいられない。

そして、地球上で引き起こされてきた、過去の気候大変動などにより生物の半数ほどが姿を消し、大型の生き物などが姿を消してしまった事例などから知ることができる。少し振り返ってみると、地球上に三億年前に生命が誕生し、地球の圧倒的パワーに翻弄されつつも何とかしのぎ、今日まで進化を繰り返し貴重な生命を持続できた種だけが、辛うじて命をつないできた。言い換えれば、生き残りできた生命こそ、幸運にも環境に順応し与えられた運命のしがらみに懸命に対処し、荒波を乗り越えてきた、貴重で清々しい種であると解釈できる。つまり、気候変動でも特別に援助の手を差し伸べてくれる訳でもなく、変化に臨機応変に順応し具現してきた種だけが、生き残ることができたことを正しく認識したい。

ただ、その持続性の是非は遠い未来に下されると同様に、同じく人類もいつの日か同じ運命を辿ることは、避けられないだろう。しかも、現状があるから将来が保証されるものでは無論なく、厳しい進化対応ができた種だけが生き残れる鉄則を、頭の片隅にインプットしておく必要がある。その上で、今後の対応や取るべき手段や未来設計と併せて、弱者の救済など自然環境保護を基本に据え、現時点でできうる限りの対策を促進することが、使命であり不可欠な命題なのだと、微力ながら思わずにはいられない。

人は誰もが、そのような重要な宿命を託され、何らかの役割を担うためこの世に生まれてきている。だからこそ、まったく何もせずに無駄な一生を過ごすことなどあり得ず、たとえ無意識的であったとしても一人一人が、違いに応じた役割を自ずと淡々と担いながら、可能な限り全うしていくことこそ使命であると受け止めるのが、自然の摂理に沿うのだと言えるのではないか。もちろん、幼いときから夢と希望に燃えて切磋琢磨し、頂点にまで登りつめる人もいれば、反対に運悪く夢破れ奈落の底を覗き見した人もいるだろう。そんな不釣り合いとも思えるアンバランスや、違いのある多様性が混在するからこそ変化と成長となり、むしろそこに活力が生まれるとしたら新たな夢と勇気が湧いてくる。

これは、この世に同じ人など一人も存在しないことの証であり、各人が個々に認知し努力を積み上げた成果が、人格を形成し独自の個性として生きる道が、自ずと決まるのだから何も悲観することはない。はからずも、東京でパラリンピックが開催されたことで、諦めない努力の重要性を改めて教えられた思いがする。継続することの素晴らしさを学んだ意義と、誰もが完全な姿形などあり得ないことを再認識させられた意義は代えがたいものがある。

もちろん、多くの場合各人の持ち得るキャパシティーとなり、ときには化学方程式となり、独自の方向性が自ずと定まっていくと理解しても、間違いではないだろう。振り返ってみれば、それぞれの場面で遭遇する各種パートナーとの出会いとストーリーの中に、予想外の転機が訪れる事例が多いのには驚かされる。その重力としての不可思議性こそが人生そのものであり、だからこそ誰にも可能性がありながら逆に確たる予測が困難だからこそ努力を重ねる。そこに言わずもがなの無言の気力が湧いてくるから、人生は楽しいことばかりではないが、予見不能な不思議さも伝わってくる。そんな巡り合わせの中で多くの人達が答えを引き出し、時間の推移に対応しそれなりに落ち着いていくのだから、下手なお節介で口先ばかりで誠意のない人の厄介になる必要性など、むしろ不必要である。それでも最後は、自分の運命の本質は自分の責任において託され、誰にも覆すことのできないストーリーでもあるからだ。この辺の間合いこそ、人生の成否を決めるキーポイントなのだと言えるだろう。

ただし、プロセスとしては、趣味や娯楽、日常生活、恋愛や失恋そして結婚から離婚または復縁など、さまざまな個々のパターンが起こるのは、どうにも止めようもない日常現象の違いによって、それぞれに対処の仕方に相違が出るからである。また、動物が本来的に引き起こす本能的争いなどは、体力があるものが結果的に勝利する確率が高いとしても、その時々の状況変化により予想外の方向に事態が推移することがままあるからこそ、事の成り行きを冷静に見守ることの大切さを忘れてはならない。そこにこそ、誰にも予測できない大事な役割分担の意外性が見えてくる。

これらを総括して表現するとなると、数学式に方程式で正解を出すこともできず、また、どんなに取り繕っても、最後は、理屈や感情では解決できない生物だけが持ち合わせている、アンタッチャブルな本質であると結論付けするしか、それらしき正解は見つからない。結果的に最良と思われる役割分担の遂行と次への世代交代が避けられず、その成り行きに沿って進化を生み出し、時代を切り開くエンジンとなるのが通常のパターンなのだと、それなりに確認しておきたい。しかし、より厳粛なことは、鉱物であってさえも、まして生物個々に付きまとう寿命には逆らうことはできず、この厳しい制約条件から逃れる術は、残念ながら誰もが持ち合わせていない。だからこそ、何人も覆せない厳しい現実の中で最良の実績を残すために精一杯努力し、微力でもそこに変化を呼び起こし次の世代にバトンタッチすることで、種の保存と存在意義が認識され相対的な力関係となり、与えられた役割を果たし宿命を全うできる。

幸いなことに、優秀な種だけが役割を担うのではなく、むしろ方程式もなく複雑性と多様性が混合し拡散することにより、予想外の役割を担うことの意義と個の重要性が、無意識的に認識される訳だから捨てたものではない。この循環性こそ、まさに、自然界の摂理に基づき、運命的に左右されるのだと受容できる。そして、底に流れている、自由でありながら役割分担を担っている関係性こそ、ゆとりを保持し育みたい大切な要素ではないだろうか。それこそ、個に与えられている、誰にも侵すことのできない、崇高で本来的使命とも言えるだろう。ただし、繰り返される時間軸の中には、啓示と思わずにはいられない事態が発生することがあるから、人生とは実に不思議な巡りあわせを実感することがある。

ところで、専門性と役割分担を考えるうえで触れておきたいことは、誰もが親から受け継いでいるDNAの違いが個性を表す違いの原点だとしたら、同じ個性はどこにも存在しないことを意味している。さらに、成長過程での経験や学習などを通じて形づくられるならば、貴重な知的財産形成には欠かせない要素として相互に尊重し合うことで、より以上に価値が高まる可能性を秘めていると考えられる。そんな中で、たとえば、このところ数学や物理など理系の役割が強調される傾向が、とくに高まっている。数学を学ぶことは、多くの物事の最終判断を下すのに欠かせない重要な役割を担っているとの、関係者による指摘も後を絶たない。しかも、

ＩＴ化の時代はさらにその傾向が強まるだけに、数学教育の重要性は一層重みを増していくだろう。ただし、重要度は高まるものの、この世は数学だけが人生のすべての答えを握っているわけでも、日常生活全体を支配できるわけでもないことに注意が必要だ。それぞれに、役割分担があるからこそ、相互の存在価値が認識され支え合い社会生活がスムーズに進められている実態を、決して見過ごすことはできない。

ここで、寄り道して、世界の数学の歴史は、ギリシャからインド、そして中国などが先進国であり、それに比べ日本は後発的であるものの、次の指摘を参考までに紹介したい。日本の数学は和算として江戸時代に発展した。市民を中心にした研究開発であり、当時としてはユニークでありレベルも高かった。徳川吉宗なども意外なことに啓発に尽力したらしい。有名なのは、数学書としては１６２７年刊行の塵劫記が有名であるが、多くは中国から輸入されたものが多いという。その後、１８２７年の学制により伝統的和算から明治政府の富国強兵実現のため、西洋の数学を採用するようになった。中国は紀元前一世紀頃から盛んであり、当時すでに三平方の定理が使われていたという。もちろん、地理的に西洋の数学が伝わってきたことは十分考えられる（『和算』小川束著、中公新書）。しかし、現在、指摘されている数学嫌いの流れを解消するのはかなり難しく、それでも中学レベルまでの数学をしっかり学んでおけば、日常生活には支障がないように感じられる。残念なことに、数学を学ぶのに暗記を中心とする教え方が多く見られるため、ひたすら問題を解くことで理解した気分になるケースが、まかり通っている。そのため、証明までできてこそ理解できたことになるとする、暗記学習の危険性がしばしば指摘されているにもかかわらず、さほど改善されず数学嫌いが増えるばかりだという。

大事なことは、中学時代の後半から高校時代に数学離れが進み、そして大学で社会科学系等では、ほとんど数学から離れてしまう。こんな流れは、ＩＴ化の時代に逆行するものだとする見解を次に紹介しておこう。数学教育の基本的柱として、絶対的、普遍的な心理に接することによる人間的成長。ちょっとした発想の転換によって問題を解決できるという不思議な活動体験。超越的で霊感としか言いようのない先人の発想に触れる経験。霊感と修行とかが要らない合理的な手法を修得することの誇らしい喜び。初歩的な技法の背後に潜んでいた本質的な真理、理論へ接近するという経験。自分では分かったつもりになっていただけで、実は分かっていなかったことに気付くという体験（『本当は私だって数学が好きだったんだ』長岡亮介著、技術評論社）。著者はその他の著書でも、数学教育の重要性を繰り返し説いている。

なお、数学が証明を伴って記述されるようになったのは、西洋ではフランス革命後であるという。ただし忘れてはならないのは、数学教育の必要性は理解できても、それがすべてではないことに注意しなければならない。ただし、数学が得意な人はその分野に進み、苦手な人は自分の感性に合った他の分野を選ぶ、そうでなければ現代のような分業社会は成り立たないし、回っていかず効率的ではない。それぞれが得意な能力を発揮できることこそが、多様性社会の必須の条件であり、そうでないと役割分担の機能が不全に陥り混乱してしまう。その辺の認識を正しく理解しながら、一定レベルの数学力を身に着ける努力の必要性は、誰もが否定することはできない。もちろん、すべてに関して万能な人など存在しないし、必要とされない。ヒトの数が多いということは、逆説的にはその分だけ役割が拡散することで、社会が成り立っていることを具現化しているからだ。

また、この世に挫折なるものは存在しない、失敗は人生の彩である（『虚数の情緒』吉田武著、東海大学出版会）。この著書は中学生から全方位独学法とのサブタイトルどおり1、000頁もの大著であり著者自身が一年間かけて校正し完成させたものだという。数理物理学者のように数学から量子力学、古代哲学など幅広い内容構成になっており、実にユニークな数学書であり、こんな数学教育者が存在すること自体驚きである。このような教育者に巡り合うことができれば、問題を解くだけで良いとする類書が多い中で、数学嫌いの人が少なくなるのではないかと思わずにいられない。著者にはそのほかにも『オイラーの贈り物』（海鳴社）、『素数夜曲』（東海大学出版会）など多数の著書がある。ともかくこの情熱・熱意には、敬意を表したい気持ちにさせられる。ますます数学が注目を集めている中で、一人でも多くの人が魅力を感ずる環境づくりの大切さと、数学も社会的な役割分担の一つの形であるとの考え方から、あえて取り上げてみた。

さて、話を進め参考までに役割分担を別な角度から分析してみると、ヒトが日々健康を維持して生活を続けることができなければ、所与の役割を全うすることは不可能であることは言うまでもない。その繰り返しが命をつむぐことであり、ヒトの体は、体内臓器の見事な役割分担により維持され、全体管理を効果的に遂行することで社会活動が成り立っている。まさに人の外面的組織活動と同じようなパターンが、体内でも神秘的に繰り返されていることは明らかである。その一例を参考までに紹介したい。肺は血液に酸素を送り込み、胸腺は生体防衛システムを作り、腸は食べ物から栄養分を吸収し、膵臓は酵素を作って消化を助けるとともにホルモンを作って血糖値を調整し、腎臓は血液中の老廃物を濾過し、子宮は次世代のための場所を提供する。このように体の機能がいくつもの器官に分かれているからこそ、私たちは矛盾する活動を同時にこなすことができる（『人体はこうしてつくられる』ジェイミー・A．デイヴィス著、橘明美訳、紀伊國屋書店）。これこそ、複雑な社会的組織になればなるほど、役割分担が機能的であり効果的なシステムとして構築され維持されている実態が、詳しく類似的に適用できるのではないか。

もちろん、生身の人による組織活動がこのように秩序立てて整然と働き、常時好調のまま成果を残すことなど不可能に近いことは、言うまでもないことだ。細胞の中には、どのような組織にも見られる本来の動きではない、変異活動をするものが必ず現れる。その顕著なケースこそ、ポール・ナースの指摘によれば、ガンは、細胞が新しい突然変異を起こし、無制御のまま分裂と成長を始めたものだ。ガンは身体の資源を独占し、周りの変異していない細胞よりも速く成長し、身体からの中止命令を無視する。それに比べ、組織活動での大事な点は、必要とされる各機能の担当範囲が明確に定められており、当事者の責任の下に職務が遂行される。

そこに、組織の必要性として、各自の能力と専門性が生かされ、結果次第で人事異動や配置転換が行なわれたりする。この点は、各細胞は臓器ごとに担当配置されたままで役目を終える違いがある。人の組織は、修正も可能であり経験を積み重ねることで、成果にも影響を及ぼすなど大きな相違点が考えられる。だからこそ、人を活かす必然性と存在意義の重要性とを再確認する観点が、明確な相違点として付きまとうだけに、人の活かし方もすべて完ぺきとは言えない難しさが見え隠れする。それだけに、困難な舵取りを余儀なくされる場面が解消されることは稀である。

もちろん、人が働く企業組織は、体内における細胞個々の働きのごとく直接目にすることがほとんどないのとは異なり、表面的な行動行為として直接関係する諸々の事態を、内部組織として目標達成のため最善の努力の成果が集約され、一通り判定される点で大きな違いが見えてくる。しかも、構成メンバーの前向きな意欲を刺激し改善を加えることで、安定的な成果を維持することにつながっていく。同時にメンバー個々の心理的環境によりお互いの信頼関係が醸成され、いわゆる遊びのあるゆとりを持つことで、よりよい人間関係が形成され絆を強固にすることができる。また、職務意欲の向上により願ってもない潤滑油的空間が醸成され、結果的に全体的成果へとつながっていく。具体的には、失敗が許されやり直すことができるなど、持続的な努力の蓄積が重要な意味を持っていること。また、お互いが足の引っ張り合いという非生産的行為は修正され、異分子の有効活用はもとより、全員が即戦力であり、持てる能力を発揮できる組織形態を構築することで、本来の目的である生産的業務遂行と経営目標の達成へと邁進することを可能にする。

つまり、同世代に生き経営組織でともに働く大事な人的資源を有効に活用するためには、形式的協調路線でお茶を濁すのではなく、むしろ異質で多様な人材が加わることで新鮮味が追加される。ときにはメンバー同士の衝突があり雲行きが悪くなることがあっても、最後は新たな視点や例外的なアイデアが受け入れられ、結果的に人的エネルギーロスが削減され、組織の生産性向上につながっていくと確信したい。いわゆる、静と動が混在していても、最後は組織強化に集約でき競争力アップに結び付くとする、理想的組織作りのスタイルが見えてくる。

これこそ、より良き組織形態を形づくるのに必要とされる方向性である。加えて独自の個性発揮と専門性の尊重により役割分担を果たせる意味合いから、理想的組織形成となり個々が活かされ、能力発揮が容易になる。最後は、組織が目指す方向性と目的が具現化され、より精度が高まることを示唆している。これこそ、人中心の理想的で未来志向の組織パターンと受け止めることができるのではないか。もちろん、自由度が高いことで専門性が深まり、ゆとりをもって役割分担の妙味を具現化でき、将来への夢が膨らみ働く意味が濃くなり、その精神がメンバー個々まで浸透していく。結果的に社会貢献評価も高まり、組織が本来目指すクロスオーバーの関係性が、意識しないで達成できることの願望が込められている。

最終的に、生物社会における役割分担の狙いこそ、子孫を残し生存を確保する最良の手段であることが、明確に浮かび上がってくる。地球の姿も、役割分担に基づく厳正な結晶であると、解釈することもできるだろう。役割分担とは、すべての組織形態はもちろん、とりわけ、企業組織内において形式的機能分散や出世競争など、その場限りの手段にしてはならないことを意味している。誰一人として役割分担から外れることのない社会形成こそ、人社会の理想的形態と受け止めることができるだろう。

6 生命論諸説

宇宙に生命が誕生したのは、138億年、地球では4億年前だとされている。このように、宇宙なくして諸々の生命の誕生などあり得ないのであり、しかも、それぞれの星に何らかの生命らしき形跡が宿っているとなると、まるでファンタジーの世界に入り込むほど驚いてしまう。なかでも、地球には細菌から始まりその他無数の生物が生命を維持しているこの不思議さには、感銘以外に語る言葉を見出せない気分になってしまう。さらに、この地球上だけでも、未知の生き物の多さには、改めて奥深さが感じられてならない。おそらく、いまだに新たな生命が誕生していて、中には消えていくものもある忙しさである。そこに、細菌類の多さと多様さなどから類推して、正確な数など永遠に知ることはないだろう。

そんな中で人の生命にかかわる起源も、細菌・ウイルス同士の瞬間的化学反応により、偶然にも生物が命を授かったとする説に依拠するならば、そんな神秘的意外性に適応しそうな表現など、簡単には浮かんでこない。まさに、夢の中の世界に入り込んでしまい、陶酔の境地とも言えるのではないか。しかも、宇宙そのものが生命体であり、その中で人類の立場は、率直に表現すれば地球上では新参者として、こそこそと悪あがきしながら、自己利益優先主義的に生かされている平凡な存在なのだ。

それでも、各分野から生命に関する新たな発見が絶えることなく増加しており、必然的に、これまで以上に新鮮な内容のものが多く見られ、興味の高ぶりは隠せない。とりわけ、生命体の誕生や人類がこの世に出現したのは、いつ、どのような姿形であったのか、推測論と期待感は膨らむばかり。さらに認証化学分野の研究が進み、さらに詳細が明らかになりそうな気配が感じられ、新生物の発見などの話題があれば瞬く間に拡散され興味を盛り立ててくれる。それでも、時代的起源に関する確答を得ることの困難さは避けられず、少しでも推移の内実らしき方向性を知ることができればと、関係する分野の人達は耳目をそばだて、新たな根拠探しに神経を尖らせているのが実態ではないだろうか。

もちろん、細菌はともかくとして数億年単位で子孫を存続させている古代魚の事例や、その他多くの鳥類や昆虫などに関しても、その出自と持続性には畏敬の念を禁じ得ないものがある。その点で、後追いで歴史の浅い人類起源の解明程度であれば、一見簡単そうに感じてしまうから不思議である。また、それらの疑問に耐えられそうな、化学的地質調査手法の進歩や分析手法の発見などに伴う研究成果が累積的に積み上げられ、新たな知見による信ぴょう性らしさが増しているのは心強い。近い将来確定的と思える証拠に到達するのは無理だとしても、さらなる進展が待たれるのは、人類共通の願いとも言える永遠に続く課題だからであろう。ともかく、個々人のルーツを探るレベルでの話題性はさておき、宇宙空間から地球までとなると、主旨もタイムラグも比較にならない落差があるのだから、話題が尽きることはあり得ない。

さて、これらの動向に合わせ、生命に関する次の指摘も参考に値するのではないか。40億年前に地球上に生命が誕生した。最初の生命形態は化学物質に満たされた単細胞生物だった。それが徐々に形を成していき、バクテリアと呼ぶものになっていった。ところが約10億年前に、捕食されたあるバクテリアがそのまま捕食者の内部で生き続け、何とふたつの生命体から新しい生命が形づくられた。それが真核細胞だ。ここから植物界と動物界が進化した。この内容は、40年前『ガイアの科学』という衝撃的な著書を発表しており、真偽が分からない程の強い印象を受けた記憶のある人物である。何と、驚いたことに、２０１９年、１００歳のときの著書から引用したものである（『ノヴァセン』ジェームズ・ラヴロック著、松島倫明訳、ＮＨＫ出版）。凄い人もいるものだが、この見解は今日において専門家の間でおおむね受け入れられている認識だけに、なおさら感心させられる。この人物には年齢などさして関係なさそうに思えてしまう。

さらに別の歴史学者による、生命の現代的な定義を取り上げておきたい。

1　生物は、半透性の膜で取り囲まれた細胞からなる。

2　生物は、代謝を行なっている。代謝とは、環境からの自由エネルギーの流れを利用するメカニズムで、それにより、原子や分子を配置し直し、生き延びるために必要な複雑で動的な構造にすることができる。

3　生物は、内部環境と外部環境に関する情報と、反応を可能にするメカニズムを使い、変化する環境に恒常性によって順応することができる。

4　生物は、遺伝子情報を使って自分とほぼそっくりの複製をつくることで子孫を残せる。

5　だが、その複製は親とは微妙に違っているので、何世代も経るうちに特徴が進化し、環境に適応し徐々に変化する。

この内容からすると、生命論としては、とくに目新しいものではないものの、原則論を分析的で項目別にまとめており理解しやすい。しかも要点を的確に捉え指摘されているだけに説得力がある（『オリジン・ストーリー』デイヴィド・クリスチャン著、柴田裕之訳、筑摩書房）。ところで、誰もが生命維持と健康保持に関して関心が深く、関連する情報についてはどのようなケースであっても興味を示し、新たな動向への期待感の大きさは留まることを知らない。しかし、今日の情報過多時代の社会においては、日進月歩であり関連情報が溢れんばかりであるだけに、通り一遍の内容では納得させられない状況にあり、まして抽象論ではなおさら共感を得られない。裏返せば、そこには時代的な技術進歩による環境変化が生み出した、進化的要因が影響しているのだから誰にも止めることのできない、重要な流れと言えるだろう。しかも大多数の人が、単に生きているだけではなく、健康で安心感を持って少しでも満足できる生活をしたい。

もしくは、さらに内面的にも日々充実し楽しい生活を送りたい。そんな思惑が日々交錯して安全・安心やときとして戦争行為など悲観的事態などに見舞われても、新たな方向性を積み上げようとしている進化的願望は、留まることを知らない。そして、生命の持続性を極め崇高さを後世に伝えるための、掛け替えのない命題として真摯に受け止めることができる。また、現代的進化論として前向きに受け止め、後に続く世代にゆとりをもって引き継がれていく、大切な役割を負わされていることを再確認させられる。

さて、この重要な役割を担い今日まで生命を持続させてきた主役とは、ミトコンドリアや細菌と細胞などであり、それらの働きに支えられたものであった。このことは、今では生態系に関する詳しい研究が進み、細部に及ぶ状況掌握を可能にしていることが裏付けとなり、おおむね認知されてきている。それでも、新規知見の先陣争いにより、異質な見解が頻繁に発表されるから目が離せない。とくに、生物学関連分野からの成果は、心境著しいものが感じられ、今や主役的存在として各方面から再評価されている。当然のこととして、生命ないしは生きることに対する飽くなき関心が高いことの、裏返しでもある。

生物とりわけ遺伝子関連の対象テーマこそ、人類にとっては最大の関心事であることは、議論の余地がなく、もはや常識論の領域に達していることから十分認知することができる。それに加え、これまで異質と思われ認識されてきた物理学分野や数学的解明に基づく課題提起も議論を盛り立て、新たな視点からの新鮮な論点が次々と提起されている。こんな動向も、始まりは複雑系研究から派生し、さらに論理的で異質でしかも柔軟な思考パターンが容認される流れとなり、今日の成果に繋がっていると受け止めることができるだろう。

このように、生命を化学として捉える見解はあちこちでお目に掛かるが、ここでは、専門は遺伝学と細胞生物学者でノーベル賞受賞者ポール・ナースの著書から触れてみたい。ともかく、内容が濃いのに分かりやすく詳しく解説されていてレベルが高い。しかもポイントの指摘がユニークで格調があり、いつの間にか論調に引き込まれてしまう。また素人の目からしても、永年積み上げられてきた成果を正確に、淡々と述べているのには感心させられる。ただし、専門家による表現であるだけに難しい知見の連続ではあるけれど。もちろん、内容そのものも、自信に満ちた無駄のない指摘に溢れており、しかも実績に基づく成果を述べているだけに、論理的表現と相俟(あいま)って驚くほど読み応えがある。まず生命は、科学的引力と斥力の規則と、分子結合を作ったり壊したりすることから生まれるとしている。その上で、次の要点を取り上げている。

- 第一の特性として、生命とは、自然淘汰を通じて進化する能力であり、さらに、生き物は生殖し、遺伝システムを備え、その遺伝システムが変動する特性を持っていれば進化できる。
- 第二の特性は、生命体が境界を持つ、物理的存在であること。
- 第三の原理は、生き物は化学的、物理的、情報的な機械であること。自らの代謝を構築し、その代謝を利用して自らを維持し、成長し、再生する機械なのだ（『生命とは何か what is life』ポール・ナース著、竹内薫訳、ダイヤモンド社）。

一般的に多くの場合、最初のポイントの指摘範囲で終わってしまうケースが多いのに対し、さらに物理的な機械論まで追加されると、素人には専門的過ぎていささか戸惑いを感じる。常識的にはここまで専門的捉え方でなくても、生物とは生きものそのものであり、ときには物質さえも生き物的化学反応を起こすことがあるのだから、宇宙・地球上のすべてのものが、常に何らかの形態変化や行動を引き起こしていると理解することができよう。また、生物の生命はもちろん物質その他すべての生命現象が、深い関わり合いを持って変化していく筋道を、見事に教えてくれている。

ただ、そこまで拡大解釈しなくても、とくに身近な動植物が授けられた運命を全うする事象自体が、寿命でありまさに生命なのだと一般的には理解されている。また、その生命を維持するには、体内細胞や細菌、ミトコンドリアなどの働きにより体調がコントロールされているとする原則には、何ら異質さは感じられない。さらに、日常においてどのように健康を維持できるのか、運悪く病魔に侵されてしまうのか、そんな体調維持意識が、常に頭から離れることはない。もちろんその延長線上に、命の尊さが深く際限もなく絡み、離れることなど決してないと教えられる。もちろん、今後どのような長寿社会が到来しようとも、健康への願いや認識は留まることを知らず、しかも科学的な医療テクノロジーが掘り起こされ進展したとしても、医療現場にかかわる具体的な実態の向上を求めて、止むことのない願望とニーズへと突き進んでいくものと捉えることができる。

それでも、生物にとって命が誕生し行動を起こし、やがては、決まりごとのように朽ち果てていく宿命にあることには、何ら変わることがない。生命にとって、この循環性こそ何物にも代えられない最大の関心事であり、どのように人工的な医療技術の修正や発展が追認されようとも、この世に生命が持続され続ける以上、永遠の掛け替えのないテーマとして究明され、注目され続けていくことに異論を挟む余地はなさそうだ。そして、最後は誰もが天寿を全うしハッピーであってほしいものだ。

もちろん、日常的にこの貴重な生命というドラマを支えているのは、端的には毎日の食事を通じてすべての活動が始まる実態があり、絶えずエネルギーの補給と廃棄が繰り返される。そこに日々楽しみや悲しみを繰り返すことで、生きていることの有り難みを再認識させてくれる。そして、人工人間ならいざ知らず、生身の人間個々にとっては、どのような原理原則も当てはめることのできない独自性を秘め、価値表現が競われ持続していくのが理想の姿である。また、どんなに高邁な理想もどんなに権力者であろうとも、もちろん世界一の金持ちであったとしても、この事実から逃れる術を持ちえない。まして、万人が同様に、生への厳しい制約と諸々の事象に直面することに、何ら変わることはないだろう。

この厳粛な事実こそ、逆説的には生命の尊厳と限界の厳しさであり、同時にあらゆる物事には必ず終焉があることにより、新しい世代の価値観が生まれ次へと持続されていく。だからこそ、競争意識やチャレンジ精神が行動形態から消え去ることはなく、むしろ既定路線に飽き足らず独走し過ぎ、自滅する事例もときどき起きてしまう。つまり、運命という限界と変化対応という掟に背くことの、不可避性や個のささやかな葛藤との無意識の限界線の中で、複線的に交錯し最善を尽くそうと、誰もが反すうしていることを示唆している。

次に、常識的な生物中心の生命論に追加し、視点を変えた考え方と受け止め方について、異なる論点から理解を深めてみたい。まず、次の考え方を紹介すると、小さなバクテリアから巨大な都市や生態系に至る生命系は、実に大きな範囲にわたる多様な空間的、時間的、エネルギー的、質量的なスケールで作動する、典型的な複合適応システムだ。このように複雑性の独自の論点から、格好よくアピールすることも可能になる。これこそ、都市に関する新たな生命論でもある。生命体が細胞、ミトコンドリア、呼吸複合体レベルを司る創発的法則のまとまりに制約を受けているのと同様に、都市も社会相互性の基礎となる創発的動態から生まれ、制限されている。さらに、都市の本質が、多様性が与えてくれる、たぐいまれな好機という優位性を活かして人々を結び付け、相互作用を促し、それによってアイデアと富を創出し、革新的な考えを強化し、起業家精神と文化活動を促進することにあるということは、ほとんど忘れられている。また、都市とは新しい自己組織現象で、エネルギー、資源、情報を交換し合う人間の相互作用とコミュニケーションから生じたものだ（『スケール　上下巻』ジョフリー・ウェスト著、山形浩生訳、早川書房）。これこそ、著者らしいこの拡大系論点による生命の受け止め方を一つの拠り所にし、新たな方向性を展開する上で、基本的思考として捉えている点に斬新な姿勢を感じ取ることができる。

ここで小休止。量子物理学生みの親であるボーアとともに活躍したハイゼンベルグは不確定性原理で有名であり、さらにシュレディンガーの波動関数が加わりこの理論を発展させてきた立役者でもある。また、リーダーのボーアは、これらのそうそうたるメンバーをリードしてきた。そして、物理的には物質の変化を生命と同様に捉えたことから、物理学でも生命論研究が登場するようになった経緯がある。ボーアは相対性理論のアインシュタインとは同時代でありながら、対立したままで終わっている。この辺の事情をその場に立ち会っていたかのように生々しくまとめている著書が『実在とは何か』(アダム・ベッカー著、吉田三知世訳、筑摩書房)であり、聞き取り調査も含め羨ましいほど見事にまとめている。今では、量子理論は、物理学を先導する理論として注目されており、たとえば、材料理解の基本的な枠組みで、ハイテク機械と装置の大半で重要な役割を担っている。とくにレーザーの発明を促し、バーコードスキャナー、光学ディスクドライブ、レーザープリンター、光ハイパー通信、レーザー手術などに応用されているという。ここにも、不思議なことに、命の源流がほとばしっているのだから、生命論は突き詰めていくと奥が深い。なお、物質は生命かとする物理学の捉え方も、根源はここから派生していると捉えることができる。なお、上述の相補性の着想も、ボーアによるものだと付け加えておきたい。

それは、補足的に、ポール・ナース流思考によると、遺伝子工学的手法・合成生物学により、生命の輝きを再編成し、別の目的に向かわせることができる。再設計された動植物や微生物を作り出して、そこからまったく新しいタイプの薬剤、燃料、生地、建築材料の生産も可能になるのでは、と述べているのは、大変勇気づけられる指摘ではないだろうか。ここにも新機軸の生命が誕生する可能性が見え隠れしわくわくさせられる。

最後に忘れてはならないのが、命を育むうえで欠くことのできない「土壌の生命論」である。もちろん、水や空気などの存在も忘れられないが、ここでは、論点を土壌に絞り考えることにしたい。土壌の場合、少し異質ではあるものの、土そのものだけで生命といえるのかどうかという疑問が残る。なお、ここでは触れないけれど、細菌の働きがなかったら、土壌も機能しないことを頭に入れておきたい。ところで、窒素や炭素、雨や水、地中における微生物の働き、樹木や草木等による支えがあってこそ、健康な土壌、豊かな土壌は作り上げられている。同時に、生物に食料という貴重な果実を提供してくれる、決定的な役割を担っている点も忘れてはならない。さらに自然環境改善にも深くかかわるという、根本的な循環機能の担い手であることを気づかせてくれる。まさに土壌こそ、生命活動の根源そのものと言えるだろう。だからこそ、土は地球の皮膚であるとの表現は、実に言い得て妙である。

陸上において日々の食料品を調達する農耕の始まりは、一般的に1万年前頃チグリス・ユーフラテス川近辺であるとされている。人類が樹上生活から地上生活に移り、自生の食べ物中心から栽培食品へと、人口の増加とともに必然的に生活様式も変化させてきた。それまで、自然環境に順応してきた流れに自己意識へと転換させたことで、少しずつ環境への挑戦が始まったことを意味している。この点で特徴的なのは、土壌を利用することを覚えた潮流は、他の動物には見られない重要な一コマであることを示唆している。それまで、自生している食べ物で満足していた状態から、人口の増加に伴い自らも生産することを覚え、土壌を活用し成育させる意識の変化に伴い、食料を確保するための画期的な幕開けとなり、その後、幾多の紆余曲折を経ながら今日に脈々として持続されている重みはことさら重要である。

しかし、そこには、土壌という主役の機能があったからこそ、多様な生命を循環性によりサポートするという稠密（ちゅうみつ）な関係性が浮き彫りになり、かつ、切っても切り離すことのできない、自然環境との深いつながりを生かし工夫と改善がなされてきた。ここにこそ、土壌に関する生命観が現実味を帯びてくる。つまり、原始の土壌には、樹木や多彩な草木により表面が覆われ、自然のままの豊かな台地が形成されていた、と受け止めるのが正しい解釈だろう。もちろん、自然環境も一定でなくとも、また地球の冷却化による環境下であっても、豊かな土壌を維持するサイクルがほぼ担保されてきたことに助けられ、変転著しい環境を生き延びてきた先に人類の歴史が重なってくる。一方で、人類は地上において土壌から主たる食糧を確保することこそ最優先の命題であったため、常に生活条件の良い場所をもとめ、移動を繰り返し、ときにグループ間の争いも絶えなかったことだろう。

そんなプロセスの中で、巡り巡って森の樹木を伐採し地面をむき出しにし、大地を疲弊させてきたため食料品の確保が困難になり、結果的に、幾多の文明が消え去るという、紛れもない教訓的な数々の歴史がある。ギリシャ時代もローマ時代も、あるいはマヤ文明なども例外ではない。もちろん、当時は未熟な栽培知識や農薬や肥料もなく、ひたすら単純に連作を繰り返すしか、手段がなかった時代の名残でもある。しかも、産業革命以降に機械化や農薬や肥料などの使用が可能になっても、肝心の土壌を耕すことで表面が疲弊する大事な認識を見落としてきたことが、農業の今日の混迷へとつながっている。つまり、土壌の健康を保ち活性化を持続することこそ、生命存続の必須の要件であるのに、無限の拡張性を信じてきたツケが現在の混乱に繋がっている。土壌に関しては、最後に健康経営の中でも取り上げたい。

このように、命の捉え方には、考え方によりかなり隔たりがあることを認識する難しさがある。つまり、分野ごとの伝統的な区分けの中から独自の判断が出され、新たな見解が発表されるたびに流れが変わることから理解できる。それだけ、新説を発表するまでの苦労は並大抵でないことの裏打ちでもある。同時に分野をまたがった研究成果が求められる時代でもあるだけに、独自性から多様性を意識した研究スタイルへの移行も、前向きに受け止めることができる。その潮流は、人工知能や人工ロボットとの生命論的共存の可能性を遮ることは難しく、むしろ、主流になるのは避けられそうにない。それだけに、ここまでの文脈以外での、意外性のある主題が新たに現れるのを期待して待ちたい。生命という謎含みの物語は、さらに進化発展していくことだろう。

7　循環型社会

今では循環型社会という用語自体あまりにも日常的となり、とくに目新しい表現ではなくなってしまった感は否めない。その分、社会全体に認識され浸透していることの表れと言えよう。それだけ、自然との調和の重要性と相互関係がより深く認知され、一層の重みを増している実態が多くの場面で共有されており、重要な認識と動静変化の著しさに気づかされる。そんな情勢を象徴するかのように、国ごとに独自の表現で具体的な行動計画を実行に移すための声明が次々と提言されているのは、危機意識の共有が急務である現実を如実に物語っている。もはや、言葉だけのリップサービスでは理解や信頼関係が得られるはずもなく、実態行動なくしては世界的な動静に逆らうことになる厳しさが、象徴している動向と言えるだろう。

たとえば、カーボンニュートラルという言葉に表れている、二酸化炭素による被害を最小限に抑えようとする、国際的枠組みが急速に注目を集めていることでも理解できる。それでも、実現できそうなのは最短で２０３０年と先の話であり、具体化への道のりは平たんではないだけに、実態としての成果は、いささか心許なく感じられる。これだけ世界的な経済規模が拡大し人口増の流れも止まらず、科学技術も進展していても、肝心の統一的行動制限の実施となると、容易ではない悩みを隠し切れない困難さが後を絶たない苦しさが暗示している。

とりわけ、国ごとに抱えている経済状態、もしくは資源保有度や人口密度などに直面している各種条件の違いは複雑で一様ではないだけに、同一歩調を望む困難さから解放されることは、現実的に予測しがたいものがある。それにも増して、今や地球温暖化対策や気候変動問題は、未来に先送りできない最重要の課題となり、人類に課せられた喫緊のテーマであるとの認識は共有されているだけに、避けることのできないテーマとして前向きな歩みが増している現実からして、傍観している余裕を与えてくれそうにない。

また、これまで国際間の取り決めであっても国ごとの対処能力の差は歴然としており、自国優先意識を先行させる保守的性癖と無断な違反の繰り返しなど、裏切られた歴史に終止符を打たねばならない思いが、以前にもまして高まっている。それでも、残念なことに、どこの国でも深く認識し行動に移しているかとなると、表面的な重要性は理解していても具体面となると、かなりの落差を感じる事態が派生する場面が多いだけに、安心ばかりしてはおられない。現状は、むしろ、産業活動の拡大や環境破壊行為などによる残滓ともいえる、気候変動によるさまざまな被害の発生や、生活場面の細部にまで異常事態が波及し、まさに既成の常識が通用しなくなっている厳しさから、逃れる手段は見だせそうにない状況が追い打ちをかけてくる。

それでも、斬新な理論や考え方が支持され先行するとは限らず、むしろ保守と革新が混ざり合う感覚での論争が多く見られ、誰が火中の栗を拾うのかと、知らず知らずのうちに、安全パイ的マンネリ化に陥る難しさが感じられてならない。最終的に、自国優位の争いや個々の人間臭さが優先され、迎合的折り合いという相変わらずのパターンに落ち込むことが多いだけに目が離せない。その多くは、政治家による自己擁護意識が、バランス的思考的になるだけに正義だけでは解決できない苦しさを拭えない。

また、誰もが持ち合わせていると思いがちな正当性よりも、利益優先意識は、人の集団が大きくなればなるほど、異論百出の喧騒が高まるのは避けがたく、人社会の同一歩調の難しさを痛感させられる。そこを乗り切るための戦略が頭の中で空回りし、足踏みするケースが露出する。しかも、太陽の周りを周回する地球の動きが止らない以上、新たなプロセスが粛々と繰り返される宿命から、逃れられない苦しさもある。その原則に伴い生命が維持され、代謝することで新たな試みが加味され変化を呼び込み、自然本来のサイクルに引き込まれるのが理想でもある。もちろん、人類には、その原理的なパワーには抵抗する手立ては、残念ながら持ち合わせていない。この循環性を正しく認識できれば、姑息な国益優先意識も影が薄くなるはずである。当然、大国意識も非現実的になり、その他多数の国による圧力が強まることで、本来の協調路線に立ち返ざるを得なくなるだろう。そんな姿こそ、新たなそして特別な感慨となって今後の取り組みがスムーズになり、相互協調による方向性へと導いてくれると信じたい。

こんな諸々の背景を理解する中で、最良の環境条件づくりに立ち戻る行動こそ、生命を持続させる必須の条件であることを、決して忘れることはできない。むしろその瀬戸際に差し掛かっている認識が、緊急性に対応し強制力と実行力になり、再生への筋道を切り開くカギとなるだろう。それだけに、従来型の曖昧な対応では対処できない緊迫性から、逃れる道は残されていないことを教えてくれている。ここにも、あらゆる事象が絶え間なくそして宇宙からの循環サイクルに依存し、生命を維持している姿が日常生活に明確に映し出されている。しかも、目に見えない微妙な力関係にリードされ、新たな異質パターンが形成されていることを、意識的に学び取り実行に移す局面と対峙する重要性こそ、頻発する予想外の被害を抑制できるカギを握っていることは、間違いないからである。

とりわけ生物にとって、生命を維持するため日々の食糧を確保する活動こそが最優先課題であり、そこには、今日までそれぞれの環境において、考えられる最良の手段や技量を駆使しつつ、生き延びその成果が蓄積されたものが相対的文化となり、重しの役割を果たし進化してきた歴史が、明示的に教えてくれている。その最大の要因は、単位年を定めその周期性に基づいた判断基準や物差しとなり指標としてきた経緯こそ、循環型サイクルの重要性と認識とが、生命を維持するための基本的よすがとして受容されてきた最大の要点であると、解釈することができそうだ。つまり、地球が太陽の周りを公転し季節の移り変わりに誘導され、同時に樹木や野菜あるいは動植物などの栽培や育成の時期を選択し、最大効果を確保するタイミングと行動が、生き残る知恵であり本来的パターンであったのだ。その流れに綻びが生じたこと、つまり作業手順や方法論が万全ではなかったことが明白となり、反動的に生態系のサイクルに狂いが生じ、修正せざるを得なくなった現実が示唆している。

歴史的にエコロジーサイクルこそ、他の生物も季節の移り変わりと最適な食糧確保の貴重なサイクルとして活用され、長い歴史から学び取ってきた集積でもあった。生物にとって生き残る知恵とは、自然循環を基本ベースにして繰り返され、濃密な関係の中の不可分なヒントから学び取ったものである。その限界点を踏み越えることなく、相互に自己の領域を守ることで良好な関係を維持し繰り返され、より前向きな成果が得られるものと信じてきた。しかし、自然現象は宇宙という巨大な原理に支配されているため、そのサイクルに違反する現象の積み重ねは、自然現象はもとより身近な日常生活にまで、重大な影響が及ぶことを軽視してしまった読み違いが、牙をむきだしストレートに反転してきた状況だと考えられる。

元をただせば、源流では些細な部分でしかなかった流れが、やがて大きな力となり山から川を下り海まで山の恵みを届け、途中では各種生物に連鎖的に食料を提供してくれる。水が海に流れ込めば山の養分を小魚などに提供し、その小魚を多くの魚類の食生活を豊かにし、結果的に人にも恩恵を与え循環性を効果的に提供してくれる。それでも、ときに大雨を降らし大洪水を引き起こし、過去に経験したことのない破壊と大被害が発生するなど、旧来の防波堤では機能しなくなっている実態がある。本来の自然の営みによる素晴らしいサイクルも、人工の手が加わると、瞬く間に汚染されてしまう怖さに対処するには、大胆な発想転換により襟を正すしか道は残されていない。

さらに、少し横道に反れて観察してみると、そこにも循環性を無視した人造構造物や戦争行為などが引き起こす被害の多さが、気に掛かってならない。もちろん、地球もときに地震や火山の爆発、台風や気候の変動など自身の化学的作用により、自縛的行動を起こすこともあるから、宇宙空間を含めて無災害の場所など、どこにも存在しないことを教えてくれる。その要因の一つに、人類の飽くなき進化と欲望が起因となり気候変動災害に関係していることは、折に触れしかも日常的に各種多様な指摘から、詳しく知ることができる。しかし、この循環性も一様ではなく、宇宙という偉大なる物体による、変幻自在な化学的変化が根本にあるからこそ、簡単には乗り越えることはできない。しかも、その壁こそ、人智を超えた偉大な部分であることを厳しく示唆している。自然優先の一員として、逃れる術などないのだから。

ともあれ、人類はもとより生物を中心にした生き物には、生命を維持する証としての行為が、時間の流れと並行して絶えることなく繰り返されていることを、日常的に実感できる。その単純とも思われる行動を推進しているのが、宇宙空間で展開されている連続的原則であり、それこそ自然循環を支えている基本パターンとなって甚大な影響を及ぼし累積化され、原子的反応を起こすから手も足も出せなくなる。さらに、微妙で例外的な化学的変化も加わり、予測を超える気候変動を引き起こし、生物はその圧力を真正面から受け取り、被害が拡大してしまう。そんな事象を、生物は最も影響を受ける対象物として逃れる術はなく、結果的に従順な対応しか解決策は見当たらない非常な現実には、ひれ伏すしか適切な手段は見当たらない。

昨今の気候変動による拡大影響は、とりわけ地球上に住む生物にとって、宇宙空間からの反応が強力であるため、自然の循環型サイクルが狂うことによる影響力は耐え難いものがある。それだけに、日常生活に直結した自然のサイクルを重視した行動規範を取り戻すしか、効果的な方法論は見当たらない。もちろん、科学技術の進歩や宇宙空間の詳細な動静分析など、あらゆる叡智と手段を繰り出し新たな対策が練り上げられたとしても、その営為は微々たるものでしかない。
それよりも日々の環境破壊行為が積み重ねられている活動行為の吟味や、原則に立ち返る大胆な発想転換が欠かせない。ここ数世紀ほどですべての事態がこれだけ膨張し過ぎ巨大な芥となり、まさに片肺飛行のような状態を解決するのは並大抵ではなく、赤信号がともり続け強烈に跳ね返ってきている状態と考えられる。そうなると、時代を逆戻りするかのように自然との調和の道を深く掘り下げ再確認し、長期的スパンで再生を図る原則に回帰するしか、解決策を見出せないことに帰着する。

つまり、原始時代のように自然からの恵みこそ最良のエコロジー活動体系であり、生物にとってもエネルギーロスを最小限に抑え、最良の成果を得ることができる自然環境先行のパターンに立ち戻るしか、解決策はなくなってしまう。先述の言い古された感のある、石油由来のプラスチック製品による過剰包装や排気ガス問題、ゴミ汚染による被害などは、人由来の代表的なケースと言えるのではないか。豊かさを過信すれば、周りの生物に及ぼす被害が波及的に拡大し、想像を超えたデメリットを産み落としてしまった大きな反省点である。森林伐採や農薬被害に始まり、土壌汚染、化学薬品の拡散など、海に住む魚に関しても循環型環境サイクルを崩壊に導いてきた人間による仕業は、言い尽くせないほどの反省点であり、地球基盤崩壊へと繋がっていく。

また、現実の姿は、人類が何万年もかけて築いてきた進化への波が、大きくなり過ぎてしまった弊害的ストックであることは間違いない事実であり、その余波が現実として重く圧し掛かっていることを明確に示唆している。そのため、理想と実態の乖離を修正することは容易でない現実の厳しさを、突き付けられていることは明白である。少なくとも、その分水嶺をすでに超えてしまっている実態を正しく認識し、この困難な課題に対処するために、積み上げられてきた科学知識や技術力と影響力の大きい経済行為などの大幅な転換を図り、英知を集め万難を排し全員の共同認識に基づく行動に移行するしか、それらしき答えは出てこない。

ともかく、もだえ苦しみ始めている地球が自爆しないうちに、最善の努力を傾けることこそ人類に与えられた課題と責務と言えるだろう。もちろんその道筋は簡単ではないけれど、少なくとも、自然本来のパターンに立ち返ることこそ、生物にとって願ってもない理想形であるのは明白である。ともかく、自然からの恵みこそ最良の贈り物であることの重要性を再確認し、心に刻み込みたい。元を正せば、小さなことの積み上げげで成り立っているケースが多いのだから、関連する源流から正し真剣に対処するしか、確からしい成果には到達できない。その流れこそ、人類にとっても最善の便益を得られるからである。

たとえば、地球全体の本来の姿とは、豊かな森や台地の緑に包まれた球体であり続けなければならない。そのためには、地球上の砂漠をグリーン化する巨大プロジェクトを、地球上の住人が一丸となって推進する方法も考えられる。それこそ、人類に課せられた、無限の夢であり使命ではないだろうか。元々の砂漠化の一因も人類による行動要因が関係しているのだから。その他にも、森林破壊や大地の露出と疲弊など課題は山積している。

さらに付け加え参考事例を紹介したい。土壌や人間の体内に住む細菌の大多数は、私たちに有益である。そして陸上生物の歴史を通じて、微生物は木の葉、枝、幹など地球上のありとあらゆる有機物を繰り返し分解し、死せるものから新しい生命を創り出してきた。それでも隠された自然の半分との私たちの関わり方は、その有益な面を理解して伸ばすのではなく、殺すことを基準にしたままだ。過去一世紀にわたる微生物との戦いの中で、私たちは知らず知らずのうちに自分たちの足元を大きく掘り崩してしまった。そしてすばらしく革新的な新製品や微生物療法が、農業と医学の両分野に姿を現そうとしている。それは、私たちの一部であって、別のものではないのだ。微生物は人体の内側から健康を引き出す。その代謝の副産物は私たちの生命現象に欠かせない歯車となる。地球上でもっとも小さい生物たちは、地質学的時間の進化の試練を経て、すべての多細胞生物と長期的な協力関係を築いた。微生物は植物に必要な栄養素を岩から引き出し、炭素と窒素が地球を循環して、生命の車輪を回す触媒となり、まわりじゅう至るところで文字通り世界を動かしている（『土と内臓』デイビット・モントゴメリー著、片岡夏美訳、築地書館）。その他、自然界におけるエコロジーの重要性と微生物との関わり合いの核心的要因など、示唆に富んだ事例が紹介されている。

最後に、科学技術の進展と自然のサイクルに沿った日常生活や経済活動、農産物や海産物との対峙は自然へ回帰する象徴でもあり宿願でもある。地球上の化石資源等の限界も、自然との対話と尊重など周回遅れのサイクルを守ることで、本来のあるべき姿の回復と滋養に富んだ自然環境の大切さを思い起こし、数世紀前のような環境への求むべき姿の尊さを忘れることなく、鋭意邁進したいものだ。人類が滅び去らないためにも、身近なところから改革し貴重な教訓として将来に引き継ぎたい。

8 比較優位

立ち止まって考えてみると、この世の物事はすべて比較対比され評価される悪癖が、まかり通っているように思えてならない。経済規模の大小や能力の単純評価などを物差しとし、得意になって説得する手段などは、その代表的なものではないだろうか。それよりも、もっと本質的な要因を基に、それなりの時間と単純比較ではないプロセスを大事にしながら評価する姿勢が大事ではないだろうか。でないと、多面的である人物評価を安易に下すと、後で後悔することの多さが教えてくれている。

ところで、十九世紀イギリスの経済学者リカードによる国家間の比較優位説は、経済成長期にはかなり持てはやされてきたが、近ごろはあまり聞くことがなくなっている。何となく興味あるテーマであるものの、当時は、特定産業の比較による優位を見定める物差し的考え方であるため、現在との比較そのものには、それほど意味があるとは考えられない。かの有名なアダムスミスと同時代であり経済学の黎明期のものだけに、現状は地球規模による経済活動の進展などの違いや規模の大きさ、巨大な資金の流れ、人口増加あるいは技術革新による飛躍的向上など、相対的経済環境の変転などからして、当初の考え方は理解できても、現在は捉え方や変化の動きが速すぎて、比較することに無理が出ていることも一因だろう。もちろん、今日でも、ガスや石油あるいは農産物と資源大国などの有利さはあっても、国際的取引が活発になったことで様相が変わり、国ごとに相互に補完しあう関係の中で、経済システム全体をレベルアップさせる競争関係へと、めまぐるしく変転し比較対象そのものが変わってしまったからでもある。

もちろん、需要と供給という基本的サイクルは変わらないものの、それ以上に、所選ばず多岐にわたる競争相手の出現や、日々新たな技術革新による新製品の開発、加工食品の増加、避けられないコストダウン競争の頻発。同時に、消費動向の質的・方法的手段による多様な選択肢など、基本的要件が目まぐるしいほど進化していること。さらに、コンピュータ解析やサポート、長期目標の策定や個別の枠組みなど、素案作りそのものにも日常的に有効活用されるなど、資源を持たない情報大国の出現や特定産業に力を注いでいる国などと、様相は一変している。また、状況はさらに進展し複雑化する競争環境、すべての物事がスピードアップされていることなど、身近な多くのケースから対比するには基礎的条件に違いがあり過ぎるなど、多岐にわたる競争環境の相違からおのずと納得できるだろう。また、ソフト価値が経済価値を誘導している現状認識こそ、格段に経済環境が変転していることを如実に物語っている。

これらの前提はともかくとして、今日ここまで拡大してきた実体経済に関して、比較優位そのものを論じること自体困難であり、以前にも増して意外性のある競争的要素が加味されているため、その分、予測不能な変化要因が付随的に発生し、対策に苦慮する事態が多くなっていることは、容易に納得できる。ただ、そのこと自体は、時代的変化による成長と経済規模の拡大、国際的競争時代とハイテク化などに伴う、累積的な発展的要因による成果であると、一般的に理解されている。

ともかく、対比するには当時とは比較できない拡大成長と、スピード感など新たな視点が形成されてきた実態を、現状の姿として幅広く理解することができる。さらに、特徴的なのは、地球規模での経済活動の拡大と競争関係の増加、資源的優位や地政学的有利さ、産業革命以降の技術的発展や輸送力向上など、単純な比較で優劣が判別できた時代から、大幅に質的内容が変貌したことに帰着する。現代は、通信情報ツールのサポートが欠かせなくなっているなど、情報競争の一面が色濃く関係していることから納得することができる。とくに最も特徴的なのは、デジタル化という強い味方が加わり、技術開発から情報収集や分析と総合的判断まで迅速に下せるようになった流れが、如実に物語っている。もっとも、競争の行方を予測するのは、天気予報のように本当に難しく、予報という言葉自体が見事に当てはまるほど、流動的で信頼できない難しさは否定できない。もちろん、地震予測となるとさらに難しく、最近もまた福島沖を震源地とした大きな地震が発生し、被害が拡大している。予測困難な地震大国の何とも悩ましい姿は、地下からの圧力には抵抗したくても、それ以上の有効手段は見当たらない。

しかし時代がどのように変わろうとも、ほとんどの物事は比較対象相手が存在することで優劣が下される宿命にあるだけに、どのように内的要素が変化しても、形を変えた比較優位論がなくなり意味をなさなくなるわけではない。とりわけ、経済活動が目指すものは、より良いものをより安く提供できなければ、趣味的な商品ならいざ知らず、日々対処しなければならない必需品などは、消費者ニーズに速やかに応じられないわけだから、ここは踏ん張り、鋭敏な競争環境に耐えられる経営哲学を優先させる必然性は、いつの時代においても何ら変わることはない。とくに、現在は情報不足ではなく過多の時代であり、些細な情報が世界中を飛び回る環境下においては、少なくとも、絶えず最良の価値情報提供者でなかったら、市場での支持を得ることの困難性は、より顕著であるのは明らかであり、むしろ、以前よりも鋭敏なシビアさが求められるのは、避けられない現実がある。

その原則的な流れから考えられることは、油断することなく良質の情報を持続的に制することができる者が勝者になり、同時により多くのメンバー支持を継続的に提供できる経営体こそが、評価される確率が高くなるのは必然的で、常日頃の良心的な工夫と努力によりニーズ提供できれば、累積的な成果につながると理解することができる。むしろ先取りする潜在的意識が積み重なり、ユーザー意識にフィットし評価された結果なのだから、油断することなくより鋭敏にして慎重に持続したいものだ。言葉を換えれば、市場のニーズを嗅ぎ取る日常性と鋭い感性こそ競争社会を乗り切る杖であり、優位性を持続させられる優れた機能となり、日常的な比較優位を無意識的に体現し先行していることを意味している。この点は、基本的なツールとして関係者に、自然の形で浸透させたいものだ。意識的には、取引先とユーザーとの期待を裏切らない持続的な姿勢こそ、いつの時代であっても、オーソドックスなビジネススタイルの基本であり成功に導いてくれる、基本的ツールと言えよう。

言い換えれば、その称号を獲得するには、独自の路線による絶えざる消費者ニーズの掘り起こし。斬新な開発力による新商品の提供を持続できなければ、市場における勝者にはなり得ないとする、シンプルな答えが跳ね返ってくる。しかも、良識的な競争者の参入を持続できない市場は停滞を余儀なくされ、その分だけ、ユーザーは知らぬ間にマイナスの費用負担と不満を強いられ、ときには健康被害を引き起こすなど、不必要な社会的エネルギー浪費と、結果的に無益なほう助を強いられている理屈になってしまう。つまり、そんな状態では、魅力に欠けるかもしくは発展性のない時代遅れの商品が、市場で取引されていることを意味し、結果的に双方とも何のメリットもない不自然さの闇に引き込まれ、悪循環の罠にはまり込むことを意味している。同時に、魅力に欠ける市場環境は、優れた競争優位の原則が機能していないことを教えてくれている。

それよりも、発展的なビジネスの世界は、端的に表現すれば、社会活動や生活に関する先端的成果を集約的に提供できる、活動の舞台と捉えることができる。そして、関連する分野も含め無限ともいえる技術開発力と経済競争の知恵が集約され、その集積が需給のバランスを良好に保ち、最終的に生活者の最大公約数的効用アップというリバウンドが期待できる、願ってもないサイクルが待ち受けていることになる。同時に、無駄なエネルギー資源の使用を自然な形で低下させ、地球にやさしい資源の開発につなげてくれる役割をも担ってくれる。これこそ前向きな価値観の大切さを、ストレートに教えてくれているのではないだろうか。

言い換えれば、最終的には、大切な日常生活を持続的に保ち生命を支えてくれる役割こそ、あらゆる産業活動の根源を担うものである。それだけに、時間的かかわりが多い身近な消費市場を活性化させ、日常生活をより豊かにする重要な機能を担っている証しとも言えるだろう。その分、誰もが参入可能であり、仮に複雑怪奇な発想であってもニーズがあれば容認され、自由競争という大きな土俵に挑戦するチャンスが無制限に用意されていることを、明確に示している。もちろん、常に付きまとうのは比較優位という物差しにより、無制限に厳しく格付けされる運命にあることを、正しく認識していないと、出る杭のごとく簡単に打ち砕かれてしまう厳しさも頭に入れておかなければならない。

そのためには、基本的な約束事をしっかりと守り正面から対処することが、成功へのカギを握っている大切さを、途切れなく組織の末端まで浸透させる必要がある。とくに接客に関する事業体は消費者との接点が多いだけに、品質や価格に関して比較優位による影響をストレートに受けてしまう。幸運の女神は誰にでも微笑んでくれるわけではなく、ときに厳しい飴とムチを持って直視していることを真剣に受け止め、あくまで持続的な筋道を大切に保持する環境整備を中断させることなく、常に前向きな取り組みの持続が欠かせない。

もちろん、後続の挑戦者が絶えることなく参入し、市場を盛り立て話題作りに懸命に努力し、明日への活力へと絶え間なく誘導してくれる流れこそ、今後とも留まることはないだろう。なぜなら、成功願望や金持ちになりたい、さらには、名誉欲や社会的貢献などさまざまな動機づけがあるからこそ、無数の戦いの土俵は盛り上がり活性化する社会的動向は、自由競争による効果性と満足度を際立たせる作用につながっているからである。その意味では、問われている意義や評価は人さまざまであっても、あるいは、諸説紛々であっても資本主義体制方式そのものは簡単に崩れることはなく、絶えず賛否が問われ続け停滞もせず、何らかの調整機能が働き進化していることを体現している。なぜなら、これだけ肥大化し複雑化し成熟化してしまった制度に替わる仕組み作りとなると、新たな態勢設計は簡単でないからである。

視点を変えてみれば、すべての現象は、宇宙という逃れることのできないダイナミズムに支配されているとも言える。そこから、比較優位やタイムラグ、そして宇宙からの重力により、地球社会の持続性が保たれていることから、自然現象を逸脱して行動しようとしても、叶わぬ夢でしかない現実に直面するのは、避けられないからである。もちろん、その圧力に順応しようともがき続けてきた人間社会は、微力ながら独自の社会的枠組みや制度設計など多くの局面を体験し導入してきた実績は、奇跡的でもあり、それなりに評価されても異論を挟めない現実が見えてくる。それだけに、現状の課題は、累積的に横たわっている、多くの限界信号を読み解くことを見誤り、ひとりよがりになり、足を踏み外してしまい、負の遺産を囲い込んでしまった状況に迷い込んでしまったことは、大変残念である。つまり、競争社会から逃れられない弊害を抱え込み、一方で進化への大切な指針に誘導され同居する矛盾性との苦しみでもある。

産業活動に関する国際間の比較優位とは、端的には統計数字による大きさ比べの結果が反映されている。数字による比較は考えてみれば、極めて単純な形で評価を下すことができる反面、データソースは必ずしも明確ではなく、正確で統一的であるとは思えない。国際的な数値の比較は、端的に表現すれば国力の反映そのものであり、それを支える教育レベルや人的資源の豊富さ、研究開発力の高さなどに由来する技術水準の質、天然資源や地政学的有利さなど諸々の要素が加味されて、現実の果実が比較提示されるという、便宜的で便利なツールでもある。これこそ、端的な表現では、国際的に通用する比較優位の典型と見ることができる。しかし、国によっては、数値を捏造したり水増ししたりするなど、必ずしも正確さを表していない弱点は否めない。それだけに、本当に国力を反映するほどの実態と正確さを確保できているのか、釈然としない気持ちが残ったままである。また、以前に比べ産業形態や事業特性などが大幅に変革しているパターンなど、比較することが難しくその実態が問われる傾向は、さらに質的になり簡素化されていくだろう。

それは、数値が大きいとか大国だから安心だと、呑気に構えている時代ではないということだ。今や、小さな国からでも、革新的なイノベーションが起こる可能性が十分考えられ、極め付きは、大が小に圧力的制裁を加える横暴さなど、歓迎されるものではなく、どこからでも自由に活躍の機会が得られる環境こそ、比較優位という序列的な意識から転換できる機会になるからである。同時に優位性の解釈は、永遠ではないということも正しく認識しておく必要がある。それに昨今の動向は、国際間の取り決めに基づく規制や制約が、さらに強くなっていくことが考えられる。ＣＯＰ26（国連気候変動枠組条約締約国会議）による制約や気候温暖化に関連する動きなどは、強くなるばかりであり、比較優位の考え方も力の反映ではなくなり、遵守することで評価される時代に進んでいく方向性は、必然的な転換点と言えるのではないか。

さらに今後における比較優位の重要な物差しとして、ハイテクノロジー開発力を挙げることができる。国力とは、端的に言えば経済競争力の評価値であり、それを支えているのが科学技術に裏打ちされた技術開発力や開発力と文化度などと、意味づけできる。また、数値の大きさよりも質的なレベル、先端的な技術力や国際特許数など総合的評価の意味合いもあるだろう。現実は、大国と言われている国々は産業力があり、その支えは技術力でありかつイノベーションが盛んであり、競争力も高く市場支配力も自ずと決まってくる。それだけに、現代の比較優位の典型的パターンが先端的な技術力のレベルにより、決定づけられていると受け止めることができよう。ただ、大国という意識も、次第にその評価は変化しつつある。また、原子力保有国はむしろ後進国になる可能性は、現に戦争現場などにも現れている。さらに、国際的取引網も、自動車のＡＶ化の促進や空飛ぶ自動車の出現、地球環境の保護、国際取引による費用の増加なども、新たな観点から見直しが必要になるのは避けられない。

もちろん、それ以外にも資源大国や農業大国、あるいは、森林大国など内実の変化を挙げることができる。また、自然農法の進捗状態なども、地球環境保全という大命題の前に浸透度が問われることは間違いないだろう。たが当面は、人工知能や人工ロボットが加わり、未来社会への設計図が塗り替わっていくのは自然の流れでもある。これも進化に伴う大きな潮流であり、止めることのできない方向性として受け入れるしか、対処方法は見当たりそうにない。否、比較優位という物差しよりも、むしろ環境優位と相互の協調路線による評価尺度が主体になると考えられる。

そんな構図そのものが次第に平準化される中で、国際間の立ち位置が定まり、しかも、新たな独自性が問われる方向に進んでいくと考えたい。つまり、基準という尺度で規制してきたこれまでの手法そのものが見直され、通用しなくなることを意味している。ゆとりを持ちバランスが取れ納得性のある枠組み作りと、次第に実質的豊かさの本質的意味合いが問われる流れが浸透し、変革していくと考えられる。ことの本質は、単純比較による評価区分ではなく、質的な実態が問われ時代的要請とマッチしスピードを上げて進化していくことは、間違いないからである。

9　マネジメントの変転

　これまでの複雑性に対する評価も、端的に表現すれば、広い分野での先端的役割を担い多様性思考を推進してきたと、言い換えることができる。しかし、変化のない物事はあり得ないのと同じく、複雑性の立ち位置も時代的ニーズを先取りする波に乗って、よりステップアップした取り組みを必要とする時代的変化の流れが、感じられるようになってきた。ただし、ギリシャ時代から続いている哲学や数学研究などの取り組みから感じられる、論理的な思考方法や手法が現在まで存続している例もあるのだから、例外を否定することはできないが、ひたすら同一視して変化を求める手法だけでは、次第に通用しなくなる怖さも冷静に見極めなくてはならない。また、物事は複雑な要素から構成されているだけに、その中身を吟味するとなると、これまで経験したことのない要素も積極的に取り入れ、視点を変え果敢に挑戦することにより、解明へと繋がるケースの大切さも心に留めておきたい。

　そうなると、未来志向的要素の比重が高い分だけ、成果を生み出す意欲的な努力が求められるため、いい加減な姿勢では曖昧さという答えしか得られず、先行きへの不安を解消することはできない。むしろ、多くの事柄に関して、可能性ないしは方向性を探り出すことに狙いがあるのに対して、数学的には、論理性の積み重ねと証明できることで認知され、質的向上につながる点で、明らかな有利性を保持していくと言えるだろう。本来的には、その違いを少しでも解消するには、これまでにない新たな論点を取り込み、結果的により良き人間社会を創造する道筋への思考を持続的に掘り下げることで、さらに論理性が深められる有利さにつながっていくことを期待したい。しかも、ハイテク時代となれば、より多くの分野との複合的な関係性を見つけ出すのが、新たな世界観を構築するうえで欠くことのできない要素として、さらに注目度が高まるのは必至であるが、それでも完全な答えにつながることは難しい。

さて、日々の直接的経済活動を支えているのは、今のところ各種企業形態による生産活動に集約できるとしても、その他、農業や水産業、林業等々たくさんの生産活動体が存在していることは言うまでもない。だがここでは、既存の企業形態を主体にして考えてみたい。その主体は現行の資本主義体制下のものであり、幾多の変遷をたどりいまでは世界的範疇で浸透し牽引役となり、日々取引が延々と繰り返され、経済活動を主導している。しかしながら、昨今はその進化形態すら凄まじく変化しており、大企業から零細企業、個人事業者からフリーターまで多士済々である。さらに、今や地球上に張りめぐられたネットワーク化により、あらゆる生産品が取引されていて、どこの地域に住んでいても同じような商品が購入できるという、夢のような恩恵に浴することができる環境下にある。そして、ハイテク機械相手に取引が増大するなど、個々の企業活動の実態を把握するのは困難なので、平準的会社組織を念頭にアプローチしてみたい。

しかし、組織の実態は個々に商法や会社法などに定められている規制に基づき、公序良俗の枠組みを逸脱しないよう配慮し、より効率的な組織活動が展開されていると受け止められている。しかも、基本的には自由意志による人の集まりであり、それぞれの違いを活かし組織活動が進められているからこそ、細部において多種多様な特色を生かすことを可能にしていると考えられる。つまり、角を矯めて牛を殺す方式で、外部から規制を強め統制するのでは、むしろ、経営活動そのものを委縮させてしまう危険性があるため、大枠を外れない限り自由な行動が許され容認されていると解釈できる。つまり、自由主義社会の原則である、規制よりも自由な行動に誰もが勇気づけられ、また未知の領域を拡大できる利点があるからこそ、独自の戦略を最大限展開できるのだと言い換えられる。もちろん、世の中は善人ばかりではないから、隙間を狙い巧みに泳ぎ回り不法な活動をするケースなどにも、常に細心の配慮と修正は欠かせない。隙を巧みに突き、ネット上の悪意のある勧誘活動にも目が離せない。何が正常なのか、ときには迷ってしまうことさえあるのだから。

いずれにしても、これらの枠組みそのものこそ、歴史の積み上げの中から長所を伸ばし短所を改善しつつ作り上げられてきた成果であることは、現実の状況から誰もが認識しているはずである。とはいえ、人の集まりである以上、損得を抜きにした行動は基本的にはあり得ないから、必然的に健全な競争関係の展開と自由競争の場であるとして、自由意思で競争に加わることを可能にしている。その分、自己責任で競争環境を生き抜かなければならないだけに、安閑としてはおられない。

そんな一連の経緯を経て、社会的環境を大幅に変革する役割を担ってきた成果の上に、さらなる事業形態の質的転換の象徴とも言える、今日の高度な通信情報時代へと進展してきた。そして、経営活動の飛躍的スピードアップと高度化が推し進められ、取り巻く競争環境が一変してしまった。ベースとなる通信情報システムの浸透に伴う技術レベルの向上による、経営管理活動の質的変化と合理性の追求に加え、複雑化や多様化を包み込むことで、変革への道筋が一変していることなどが考えられる。同時に、国際競争に勝ち残るために、経営活動全体のレベルアップと技術水準の向上など、環境変化の厳しさを列挙することができる。

その先導役は、通信情報産業の参入とモバイル機器などに見られる情報活用手段・ネットワーク通信による、ハイレベルの展開を除外することはできない。このように企業組織は、陰に陽に事業展開の主役となり、日々さまざまなそしてダイナミックな転換を演出している。これこそ、産業形態を変え企業間の競争関係の多様化から日常生活までリード役を自認し、大転換させてきたプロセスと動向に、日々大きな関心が注がれている。

さらに、拡大市場的な立場から推測すると、地球規模の市場ネットワークが刺激剤となり、ミクロの市場特性を薄れさせることはなく、マクロ市場としての特性を圧倒的スピード感で表現できる実態を、日常生活において、ダイレクトに認識できる時代に突入していることが、何よりの裏付けになっている。同時に、一部の独占資本企業が、業界を牛耳ってきた過去のパターンは通用しなくなり、経験値の蓄積とハイテク化、アイデアに優れデザイン性の高い作品と意外性の容認、さらに、旧来の原則論に捉われることなく新規参入を容易にしている動向など、市場環境は昼夜を問わず激変している様相が垣間見えてくる。そんな流れこそ、誰にも平等にチャンスが得られる環境が整備されてきた、象徴的変化と言えるだろう。併せて意思とチャレンジ精神があれば、可能性の輪をどこからも隔たりなく拡散できる潮流が、認知されるようになったのだと認めざるを得ない。

これらの兆候と時代的要請の波は、必然的に明日へのマネジメント体制の構築を目指していることは明白であり、これまでの総論的合意で満足してきた流れから、スピード感と独自性が強まっていく。さらに、偏った合理性や収益性優先の思想が、困難になる方向性を示している。また、社会的合理性の追求、つまり産業活動主体の独自スタイルを優先的に競って追求することで、既存の領域が崩れ始めた実態と、そこに社会生活全体とのかかわり方が支持され、ある意味で素人的感覚が求められる傾向が、強くなっていることで理解することができる。しかも、地球環境への悪影響などを改善するためには、困難な課題と積極的に取り組み、関連するあらゆる機関との調整を図らざるを得ず、むしろ使命や義務感として遂行しなければならない現実が、いみじくも実態となり跳ね返ってくる。また、自己利益追求を優先する意識は時とともに糾弾され、評価されなくなるなど、従来型の対応だけではダメージが膨むリスクに対処できないことを暗示している。

ただし、重大な兆候は、デジタル化の威力が格段に向上し、とくに人工知能や人工ロボットという強力なツールの活用により、意識革命ないしは社会的な形態変化の波が力で押し寄せ、知らぬ間にユーザー枠にはめ込められてしまうとする、ビジネスモデルの方向性などを改めて追記することができる。この波は、留まることなく高度化され産業形態までが、変化の波にさらされてしまう怖さがある。つまり、なりふり構わず品質向上に全神経を注いできた流れが一変し、生産形態もコストダウン方式も、あるいはマーケティング方式さえも例外ではなくなり、この波に乗り遅れると、明日への望みが絶たれてしまうほど強烈であるものの、ここにも、自然環境優先という枠組みと限界が漂い始めていることを、見落とすことはできない。

もちろん物事は、多面的要因が交錯し改革されていくことで前進するだけに、悲観するよりも楽観的に変化を受け入れていく姿勢も大切である。ただ、推進役であるデジタル化に伴う意外性の枠組みが、短いサイクルで変転するため、むしろ、新たな次元への挑戦がしやすくなり、斬新で新規のパターンによる事業が次々に誕生している現実が、今後の方向性を教えてくれている。そこには、技術レベルの高度化と素人的要件が交錯し、より人間臭さが受け入れられる環境が形成されるはずだから。

しかも、新たな次元の産業形態が、枠組みにとらわれることなく進展していることから、これまで以上に独創的で夢が感じられ、加えて、自然環境への取り込みが織り込まれた新事業体が増えているのも、大いに歓迎すべき傾向と言えるだろう。このように、時代の変化に伴い人々のニーズも変化し、同時に産業界も新たな使命を感じ取り、環境重視の技術開発へと転化を追い求め続けざるを得なくなる。ただし、一見同じような手法が繰り返され、何ら変化を求めないように感じられても、実際には着実に状況は進行しているのだから、いかなる力を以てしても時代性を阻止することはできない。形あるものは必ず崩れる原理が、ここで生きてくる。ただ、変化の度合いや感じ方の違いに敏感な人と鈍感な人との差や、住んでいる環境条件などもそれとなく関係しており、無意識であれば特段気付かないだけの違いとして、粛々と足早に通り過ぎてしまう恐れがある。

もちろん、目的志向の方向性によっても状況に大差が出るため、知らぬ間に旧来の秩序が崩れてしまう難しさは否定できない。それでも、拡大志向でしかも成長期のように周囲の変化に目もくれず猛進したとしても、先行きが落ち着いてくれれば意識の変化が急転することが多いから、短絡的に落胆ばかりしてはいられない。ただし、そのような過渡期が過ぎ、落ち着きのある実態を伴った取り組みは、現状では何かと制約を受けざるを得ない状況も、無視できないことを頭に入れておく必要がある。それは、産業特性や認識度合いの違いによるひずみなのであり、一気呵成にすべての事態が転換することはあり得ないのだから、むしろ、経過的要因だと考えることができる。

ただ、すでに取り上げてきたように、各地で頻繁に話題に上がるのが、気候変動が引き起こす過去に経験したことのない甚大な災害の頻発であり、しかも年ごとにその事例が増え、しかも予測不能であることが、不安を募らせる要因になっている。これも、元を正せば人類による過剰な経済行為に伴う生産プロセス、化石燃料や化学薬品の使用、森林伐採や河川の汚染などに起因しているのは明らかなだけに、降りかかる火の粉を振り払うことも、まして、責任を他者にかぶせ涼しい顔をして逃れようとしても、自然災害は拡大するばかりで一向に休む気配など見せてくれず、むしろ厳しさを増すばかりである。温暖化による大規模な森林火災や異常気象、気温の上昇など自然からの反撃サイクルを防ぐことは、このままだと解決策は見出せない。まさに、四方八方がんじがらめの状態が転換を迫っているのだ。

言い換えれば、知識や芸術と科学技術の発展、生活レベルの向上など、目まぐるしいほど多くの新たな事態を進展させてきたはずなのに、肝心の地球環境への悪影響には口を塞ぎ、自然環境は無限大であるかのように勘違いし振舞ってきた誤算が、牙をむき出し鉄槌を下すかのように反撃に転じている現状が見えてくる。また、無限と勘違いしてきた天然資源も枯渇を招き、しかも悪化するばかりの環境汚染も避けて通れず目論見も外れ、もはや自然環境にやさしい新たなエネルギー資源開発に、舵を切らざるを得ない現実が見えてくる。幸いにして、それらの対策に先手を打ち研究に取り組んでいる研究者の活躍に、期待は高まるばかりである。

このように、外堀は埋められ新たな展開を真剣に促進しなければ自殺行為になるばかりであり、本来のノーマルな産業政策への転換を積極的に進めないと、暗黒の世界に突き落とされてしまう厳しい実態が待ち受けている。一人横綱だった人類の先行きに警鐘が打ち鳴らされ、ここまでリードし続けてきた資本主義体制に対しても。さらに、とりわけ一極集中型の拡大型産業政策に厳しい目が注がれるのは、自然の成り行きでもある。主役交代の時期が到来しているのか、あるいは、大幅な修正でこの難局を乗り切ることができるのか、予断を許さない局面に直面している現実は、多くの産業被害や識者による指摘などから推測しても、日々差し迫る現状から目をそらすことは許されない。もしくは、身近で頻発している突発的な自然災害による甚大な被害発生や事の重大さから逃れられない厳しさが、否応なしに対応を迫っている。

その一方で、自然災害や風雨にさらされても紛争や難民が増加しても、産業活動中心の企業間競争は止むことなく、さらに、自己優先姿勢の弊害に赤信号が灯っても、目先の形ばかりの改革で済まそうとして政策が通用しなくなっている現状こそ、大幅に修正することの難しさを露呈しており、対策の困難さを暗示している。しかも、地球の連合体としての連鎖行為であるだけに、事は簡単に対処できない苦しさは否めない。それでも、日々の暗い災害情報が　警鐘を打ち鳴らしている状況を重く受け止め、個々人が身近で些細な意識と改善行動の積み重ねの大切さを忘れず、また、自然環境負荷を少しでも減らし、地球上のすべての生物にとって住みやすい環境を取り戻さなければならない。そして、健全なエコロジーサイクルを取り戻す持続的努力を鋭意続けたいものだ。もちろん、産業政策に沿った公害ロス削減行動こそが最優先課題であり、今後とも何ら変わることはないのだから。

今後は、業種別あるいは規模別企業の分布状況は、どのように変化していくのか興味深いものがある。少なくとも、デジタル化時代の産業パターンは、これまでに積み上げられてきたマネジメント体制から、新規参入企業の動向まで今後の進展は規模や業種別の捉え方に固執することなく、新たな形態の企業体が登場しても、何ら不思議ではない流れが強く感じられる。業種的分類よりも社会的ニーズや国際的な動向、あるいは、デジタル化の進行による事業展開が容易になり、業種転換や新規事業への参入チャンスが増えることなどの動きを、止めることは困難だからである。

デジタル化の進行は、雰囲気的に新たなレベルでの発想を促し、変化を呼び込む可能性は当然高くなる。仮に、変化し前進するのが革新だと捉えるならば、少しでもその核心に迫り独創的な改革パターンを探し出すことが、生き残るためのカギを握っていることに改めて気づかされる。漫然と既成のまま受け入れ満足する受け身型ではなく、むしろ可能な限り能動的で失敗を恐れず行動的意識を貫くことが、将来への重要な布石になることを教えてくれる。そこに、自ずと新たな事業展開への筋道が、浮かび上がってくるはずである。それだけに、努力せずに安全パイでやり過ごそうと呻吟していると、その間に周囲の大きな歯車は無言で回転し、しかも、未知の方向に傍若無人に変化し、足早に遥か彼方へ消え去り、慌てて追いかけてもあとの後悔先に立たずになってしまう怖さがある。

もちろん、いつの時代にも対象企業の多さから推測して、異端で革新的パターンの管理体制を採用してきた企業が、それなりに存在していた事実は否定できない。しかし、残念なことに多数派ではないため、革新組織としての評価を得ることができなかった事例も多いと思われる。いずれにしても、組織の推進力は人が基本であり、構成メンバーの持つ能力が集約され成果となり、業績に反映される仕組みでなければならない。端的に表現すれば、組織とは人による人のための集まりであり、メンバーによる効果的な相乗効果を発揮できる仕組みなのだとする、原則論がベースになり、さらに強まっていくだろう。

つまり、発想の原点は、人を活用しその力を集約した総力が組織パワーとなり業績に反映される仕組みに重点が置かれてきたのは、より効率的であり常識的なパターンとして、長い間受け入れられてきた実績に基づくものである。だが、そこに割り込んできたのが、新たにハイテク化や人工ロボットなどが加わり高度化され省力化が図られ、必然的に組織の形に変化が生まれてきた。しかも、その変化の主役は、サポート役から主役たらんと急成長している。これこそ、通信情報技術主体のビジネスモデルへの移行にほかならない。

つまり、デジタルイノベーションの進捗により、人によるロスを最小限に圧縮し効率化を図り無駄を省き生産性を向上させ、トータルで省エネルギー競争の決め手にすることを意味している。そこには、単に人中心の効率化方式から脱皮し、AI化というハイレベルのサポート役へバトンタッチされることで、これまでの役割分担を大きく転換させる環境が整ってきたことに表れている。それでも、あくまで人がすべての中心なのだと、猛烈な反論が聞こえてきそうだか、現実の競争環境はこれまでとは異次元で多面的であるだけに、予断は許されない。ともかく、従来の技術革新とは異なり、新たにハイレベルのニュースターが加わることで格段にレベルアップされるため、中途半端な局面転換ではなく次元が異なる環境変化であることに、注意深く対処し方向転換につなげなければならない。かつての横並びの安全パイ思想よりも凸凹型でありながら融合型であり、進化に伴う目的意識が明確であり、社会的ニーズに対応できる先取り型でもある。

しかも、その中核を担う人工ロボットが加わることで革新的なパワーを発揮し、人による既存社会に遠慮なく入り込み、やがては凌駕することが危惧される可能性さえ指摘されていることからしても、新たな方向性の存在を否が応でも容認せざるを得ない。将来的には、状況次第で、空飛ぶ車のように人がコンピュータに監視され、コントロールされる日も近いことを意味している。そんな動向を十分理解し読み取り乗り切るため、新たな経営ツールの構築は極めて意味深いものがあり、いずれは人社会にも硬軟併せた環境変化が到来することを前向きに受け止め、事前に心構えをしっかり整理し対応できる戦略が求められる。もちろん、経済活動に限らず人社会全体に影響を及ぼす、必須のテーマであることも十分に認識した思考強化と、柔軟な対応に備えたい。

ここからは、そのような大きな変化に乗り遅れないためにも、その前提条件などについて触れてみたい。人社会は誰もが、日々の暮らしは可能な限り豊かでありたいと願い、それは、命が続く以上、万人共通の願いであり、建設的な目標でもある。ただ、人それぞれに個性が異なるように、考え方も思考方法も行動力も違いがあるからこそ、楽しみが増え希望が膨らんでくる。また、個々の歩みも異なり、努力の度合いもそれぞれであり、進歩や夢の広がりもさまざまである。そこに、意外性と微妙なバランスが生まれ、結果的に認識外の競争関係が生まれ、むしろ前向きな環境が醸成されるのは、大いに歓迎すべきことでもある。ただ、そのプロセスを通じて成り行き的に、過当競争や資源の確保のために手段を選ばない方向に進展し、予想以上にデメリットが生ずるケースが多くなるのでは､同じ轍を踏むことになってしまう。とくに、経済活動を主体に捉えると豊かさを実感できる成果が物差しになるため、自然環境保護の枠組みをしっかりと守りエネルギーロスを少なくし、常に時代的変化を先取り的に読み切り、むしろ先導役として使命を担う意欲と先進性が期待される。

ただ、もしも規制外の行為が発覚するようなことがあれば、速やかに社会的評価が下され致命的なダメージにつながりかねないだけに、リーダー役の健全なリーダーシップと醸成された企業文化の徹底と持続性が強く求められる。それにしても、ここまで世界的な人口増加と経済規模の拡大、製品の世界的流通や豊富な資金、圧倒的な技術革新と通信情報ネットワークなどにより、かつてないほどの革新的で先進的変化を生み出してきた実態をさらに有意な形で後世に伝え、その先の科学技術による成果と生活水準の質的充実に寄与したいものだ。もちろん、自然環境の保全を最優先課題とし、そこに社会的貢献度を組み入れた長期的なビジョンづくりと、ハイレベルな経営戦略の構築、有機的な経営資源の集中活用など、時代のニーズ先取りと対応できる経営力が必須になっていくだろう。経営資源の選択と集中といっても、言葉ほどには簡単ではない。ベースは競争社会なのだから、企業としての信頼度と業績とがマッチしなかったら、何事も実現不可能になってしまうからである。

そんな意識を前面に捉え、当面する経営スタイルの理想像を取り上げてみたい。まず、激動する世界情勢の変化の中で経済経営活動も大きな節目を迎えており、これまで積み上げられてきた飛躍的発展の歴史に、次なる躍進の時が到来していることを示唆している。先陣争いや業績オンリーの資本主義的悪弊から脱皮する必然的要件を避けて通れない事態に直面していることが、大きな要因と言えるだろう。ただし、口で語るほど理想的形態や主義主張となると、簡単に受け入れられ浸透させられるものではない。しかも、誰にも与えられている自由な発言が容認され、しかもフレキシブルな時代に突入しているだけにトラブルも増加し、集約するのは困難を極めるだろう。しかも、ロボットさえも参加する時代になったのだから、うかうかしていられない。一方で、産業化の高度化や農水産業、そして林業など多方面にわたる過当競争現象を巻き起こしてきた、人類最大の政策ミスによる多面的な負荷が積み重なり、反動作用となり各種災害の引き金になっている現実から、逃避することのできない厳しさが伴う。

つまり、地球社会全体が、自然環境汚染の増大により耐えられなくなっている実態が、転換の必然性を明確に示唆している。まだ大丈夫だと他人任せの意識が気候変動や環境汚染を引き起こし、その余波が留まることを知らぬげに巨大な勢力となり、有無を言わせず襲い掛かってきているからだ。まさに、天の声による強烈なアピールなのだと、真摯に受け止めざるを得ないのだ。

ところで、すべての事態には、必ず始まりと終わりがあることからすると、物事には厳密な平衡点はあり得ないことに行きつく。となると、動的平衡とは新たな物事が入り混じることにより、新たな均衡が保たれる状態を意味している。それも、一時的な均衡を指しているのであって、そのままの状態が持続的に保たれることなどあり得ないことが、重要な意味を含んでいる。その観点からすると、物事の根底には、競争状態が常時繰り返されることで歪んでしまった状態から、正常な状態へ戻る力が加わり、修正され次の均衡へと移行していくのだと解釈できる。したがって、宇宙から地球環境まで、随意的で瞬間的な変更が繰り返され、代謝しているのだと言い換えられる。競争という捉え方の意味づけはともかくとして、身の回りすべてに関しても、もちろん動植物の世界全体に対しても、競争のない状態を想定することは不可能であり、むしろ競争があることで現状が維持される。それも、一時的な平衡に過ぎないのだから、絶え間ない進化の繰り返しに対処できる、日ごろの配慮が問われ続けることに変わりないことに注力したい。

たとえば、学力のような点数評価で優劣を下すことができる関連分野では、順位付け成績本位主義による区分けが絶対的であり、重要な意味付けを担っている。だが、学校でのテストによる順位付けでは、経験値や人物評価までは組み入れられていないため、経済活動の多岐にわたる要素から相対的判断が下される分野に関しては、複数の競争相手が存在し製品への好みや品質、先端性や流行などの要素が微妙に組み合わされることから、単純に評価を下し意思決定することは不可能であることが、現実論として浮上してくる。そうなると、動的均衡だけ説明できるのではなく、生き残るための熾烈な競争関係を乗り切るための、先進性と高度な判断力が常時求められ、意思決定につなげる能力として不可欠である実態を、正しく受け止めないと決断を誤ることになってしまう。

しかも常に、高度で異質のプラスアルファーが加わるため、違いを演繹できる総合力と判断力、さらに、留まることのない訴求力が連続的に必要とされることを示唆している。また、単純な要素による順位づけでは答えは出せず、むしろ、破壊的変化により先進的均衡が保てるのだと理解するのが、妥当ではないだろうか。たとえば、経営形態の方向性にしても新製品開発にしても、常に新規参入の余地が残されていることが、市場を活性化させ新たな均衡点を探し求める意欲を触発し、最終的にユーザー優先の需要を喚起し続けるための、循環サイクルを見つけ出す時流と対峙できる可能性が高くなる。これこそ、積み上げられた極めて柔軟な発想力が、連続的に求め続けられる理由づけになる。

さらに加えると、経営戦略やマーケティング戦略なども、時計の針が刻々と刻まれ続けるのと並行的に、変化ないしは進化という誘惑に導かれ、新たな場面が次々に登場し競争関係も同様に止まることはなく、状況変化が脈々と持続されていく。そんな観点からすると、あらたな経営形態への移行を止める手立ては考え難く、仮に、その中身や方向性はおおむね予測的であるにせよ、的確な市場動向分析や商品開発力などの持続性を中断することはできなくなる。むしろ、意欲的で持続的な経営資源の投入により、将来予測の可能性が高くなると推測することができる。その一つは、新規産業形態は、どっぷりと既成の枠組みにつかり満足することはなく、あらゆる方向からユーザー向けの新規製品などが生まれてくることに備え、予測的な体制強化のサイクルを見誤らないことに尽きてくる。

もちろん、異質な能力の持ち主を組み合わせ、しかも既成のものに捉われることなく、意外性や認識外要件を包み込んだ、新発想の視点による事業態勢や製品の開発が必要になる。そこには、環境重視はもとより必然性や先端性などの予測と感知能力が上積みされ、プラス人間尊重意識の高揚と夢が込められた中身の製品を開発する志向性を追い続けたい。もちろん、規模の大きさで優先権を得ようとする思考性には疑問符が付くため、地球環境重視に基づく未来をも見据えた事業形態の模索や、製品開発意識などが浸透する波を見誤らないことがカギを握っている。

その可能性は、ハイテクコンピュータ活用による汎用性と可能性が、無限大のごとく浸透していく実態があること。それこそ、蓄積された人智による生活力全般にかかわるフレキシビリティー向上の強力なツールを獲得できた、累積的な成果がもたらすものだと受け止めたい。その裏付けとなるのは歴史的快挙ともいえる、強力な手段としての人工知能開発に伴う人工ロボット導入と戦力化が象徴している。もちろん、現段階で諸手を挙げて成果を誇示するわけにはいかない。なぜなら、高度な通信機器等の参入により、最も本質的ともいえる人間らしい感覚や危機感、思考パターンや耐久力、衰退ないしは喪失する危険性の増加。さらに、人工的製品に依存し過ぎ、過当な競争意識がより鮮烈になり、機器依存の無機的な競争が強まるなどの危機感の増幅等々。意外にも、初歩的で無視できない事態の発生が、恒常的に懸念されるからである。

それでも、これらの事態は人と人工物との協調関係が一層明確になり、人類が存続する限り競合相手となることが脳裏から離れず、未知なるハイテク化社会に対する予測困難な事態へのハイレベルな対応が、時系列的に加速化され続けるだろう。いずれにしても、形あるものは必ず崩れるときがあるように、何事も、好調な状態を維持し続けるのは至難の業なのだ。産業界も進化の大波を受け、業務効率の向上やテレワークなど在宅勤務の比率が高まるなど、既成の産業形態だけではなく、新たな職務形態への移行が必至であること。同時に、働き方革命という実態がこのたびのコロナ禍による圧力で垣根が開かれ、次なる好循環へと進行するだろう。困難を乗り切りチャンスとして活かさなければならない。

いつの時代においても、前向きな意味での前進こそ、新たな道を切り開く切り札となる。そのためには、新時代に通用する意欲的な「物差し」を探し出すしか、解決策は見出せない。その物差しとは、次の4点である。

①自然環境サイクルを破壊することなく、社会的活動を促進する手法の開発と実践行動。
②既得権意識の打破と自主性の尊重、失敗の容認とやりがいを促進できる寛容的風土の醸成。
③デジタル時代を乗り切る変化対応と汎用性ならびにスピード観とゆとりある浸透。
④人工知能に誘導されるエネルギー効率の最大化と自然資源の最適活用。

これらの要件を乗り越えてこそ、科学技術の発展や企業の生産活動が活性化し、新たな競争環境が促進される。しかも、その中身たるや異種混合型の中に新規性が加わった、これまでとは格段にレベルアップされた環境での、製品開発の進展が待ち遠しい。なぜなら、上述の新たな物差しとなる環境が整備されれば、地球上の好循環サイクルが大幅に改善され前進することを、暗示しているからである。それに加えて、協創と他者利益、加えてベースとなる人間尊重の精神に基づき派生する自発的能力の発揮など、近未来の活動体系に基づく環境変化が、強力な推進力になると考えられるからである。同時に、人間尊重による組織内不協和音が解消され、働く意義が認識され前進することで、職場環境が融和され職務達成意欲が倍増し、さらに自律的雰囲気が浸透し社会的資産がより充実していくことを信じたい。

また、どんな苦境が訪れても、それ以上の成果を追い求めることの重要性こそが、次なる経営革新につながり、将来的に満足度を満たしてくれる本質的な道筋なのだと知ることができる。

ここまで積み上げられてきた経験値の累積と、飛躍的な科学技術の発展と情報通信技術の躍進により、企業の経営形態も大きく変転できる魅力的な要素が整ってきたと解釈しても、ほとんど違和感がない環境変化に驚かされる。煎じ詰めて分析してみると、時の流れに伴う動的スピード感と多様な変化の様相には、驚嘆させられることが多い。だが、このまま進行すれば、累積的に地球環境を汚染させてしまうから、手放しではいられない。同時並行して、自然環境面での対策が最優先される産業活動でなかったら、諸手を挙げて歓迎するわけにはいかないとする意識が、浸透し始めた流れこそ尊重されなければ、進化への道は閉ざされてしまう。

企業での参画意識と働き甲斐の重視とは、もはや常態化しているテーマでもある。また、経営組織体によるクリーンな存在意義こそ、その重い役割を持続して遂行しなければならない使命を付託されている意味もあるのだから、常にチェック・アンド・バランス体制を持続させ、期待に応え続ける必要がある。その分、達成感と信頼感と精神的公正等が生命線になり、関係者の支持が拡大し定着していくと信じたい。同時に、人と人との信頼関係をベースにし、組織間の取引も、時代性に沿った安定的関係性を持続できるか否かにより、定着していくのが本質的流れと言えるだろう。現状は、ここまで科学技術が発展し、地球上に隈なくネットワーク網が張り巡らされ、どこの国とでも無駄のない取引ができる経営関係が、さらに進化していくのが理想である。

それでも、理想の形を追い求める動きに終わりがないため、新たなニーズを求めて挑戦が持続されていく動静は、何人にも止めることはできない。ただし、人の数だけ知恵が集まると、付帯的に欲望も絡んでくる怖さも否定できない。同時に、関連的に発生するギャップを埋めるには、地球の気候変動サイクルを優先し、さらに動植物尊重の世界観が着実に浸透すること。同時に、すべてに思いやりのある行動が、これまで以上に重要視されることを心に深く刻んでおきたい。

人の進化が生み出した高度な科学技術の発展とAI化時代への進展は、すべてが人先導による産業活動を中心に恩恵をもたらしてきた。しかし、今後の人工ロボットやコンピュータ処理などに委ねる業務分担の中身が転化するのに伴い、ときには人社会との軋轢が増加するのは避けられそうにない。その進捗状況と質的変化が産業活動にどのように浸透し影響をもたらすのか、進化の期待値を込めて見守りたい。ともかく、いつの時代にも混沌は避けられず、その先にある難問を解決する先鞭役をともに担い産業地図を塗り替えたいものだ。

10　健康経営序曲

生物の進化とは、端的には自然環境を含めた諸々の関連要件に対応するため、時間をかけて対処し変化してきた果実であると、現時点では受け止めることができる。絶えず循環する地球環境変化に素早く順応し、生き残るため効果的な成果を成し遂げる能動的な行動こそ、生物が存続するための最良の方策であるからにほかならない。ただし種の保存のためどんなに策を弄してみたところで、所詮は自然環境という大枠を打ち破り自己有利な方向に導くことなど、到底不可能であることの限界を悟るしか、生き残る道がないことに気付き、適応してきた成果であるとも考えられる。しかも、生き物の寿命という、乗り越えられない大きな壁である制約が立ちふさがり、どんなに努力しても無残に跳ね返されてしまう現実がある。

となると、個々に与えられた制限時間を、いかに効果的にして有効に活用できるかが、究極の生命線であることの認識が浸透し、そのため誰もが賢明に秘策を練り適応策が脈々と重ねられてきた。それでも、個々に落差が付きまとい、そこを乗り越えるには厳しい現実が待ち受けている。つまり、最後は、個人別の運命や努力に待つしか対応策がないことを自覚することで、それぞれの方向性が決まってくる。しかも、誰にも与えられるチャンスは一度しかなく、平等に与えられた貴重な道のりを、ひたすら進まざるを得ないことで万人の意識が覚醒し、ひたすら行動に移される原則は変えることはできない。

そんなサイクルを経営活動に当てはめ、進化やイノベーションを論ずる場合に優先することとは、まずは本質的に未来志向型のパターンでなければ、社会的に受け入れられ歓迎される可能性は、おおむね低いと言えるだろう。なぜなら、誰もが身の回りに付きまとう貴重な時間を有効に活用するには、従来型のパターンをベースにし、そこに新たな刺激要素が組み込まれていけば、より斬新なニーズが喚起される可能性が高くなると考えるからである。それでも、ほどよいプラスアルファーと満足感が得られなければ、話題が盛り上がることもなく無駄な努力に終わることが多い。つまり、時流とニーズを踏まえ新しさを喚起するのが変革であり、現状維持や小手先の変革では、その範疇には入らない。もちろん、新規性だけを追いかけるのではなく、その時々の需要動向を掘り起こし、新たなユーザーのニーズを優先させ喚起できる改革でなかったら、イノベーションとは言えないはずだから。

ただし、イノベーションとは、これまでの潮流から、革新的あるいは漸進的、そして破壊的などの捉え方もあるように、一概に内容を評価することは困難であり、しかも製品個々が置かれている状況や競争環境、受け止め方などの違いにより、成果も異なってしまうだけに、その辺の社会的動向や時流を先読みするのは容易ではない。また、その時々の流行やトレンドなどの要因も大きく関係するから、確答を求めるには周到な深読みが必要になる。むしろ、個々の商品特性や開発者が目指している状況など、複合的な要素が横断的に組み合わさり、ときには多くの視覚・聴覚や嗅覚と味覚などの要件が、比較吟味されたりするから容易ではない。また、不確定性と相対的な各種の要件が攪拌され、冷静な需要動向分析データにより判断が下されるだけに、開発側の苦労は並大抵でないことも理解できる。それでも、時流に押し流される場合や予想外の新規参入者との競合、さらには、気まぐれなユーザーのニーズを喚起するためには、想定外の結果も計算に入れ、強い精神力と持続性で挑戦し乗り越えなければ、成果にまで簡単には結び付くものではない。

また、時間という単位はいつでもどこでも休むことなく変化しているのだから、安易に突然変異を演出しようとしても、市場のニーズは気まぐれでもありながら意外なヒントにより人気沸騰することもあるだけに、何通りもの選択肢を計算に入れるなど、慎重な配慮が欠かせない。それでも、需要動向は刻々と変化し、欲望充足の高い製品を求め進行する流れは止められない。表現を変えると、時間も肉体も意識も絶えることなく、変化の波にさらされ流動を余儀なくされているのが、熾烈な開発競争の現場と言えるだろう。せんじ詰めれば、その波を乗り越えようとする行動そのものが、改革もしくはイノベーションという言葉に、集約することができる。そのため、生物の世界においては、競争相手の変化をある程度想定しながら、時流を読み取り精一杯努力を重ね、マイナス要因を削減し選択肢を絞り、有利に導く競争の成果を確かなものにするべく全力を投入する。生き残るためにはそんな画策が必要になる。

さらに、変化という時間を有効に生かし怠惰に陥ることなく、持続的に独自のノウハウを活用し、競争相手よりも少しでも有利な条件を追い求める努力に尽きてくる。ときには、運も意外性のあるヒントなどの幸運も手伝い、ヒット商品への扉が開かれるなど、あきらめない意識こそがビジネス社会で生き残れる、微妙な差となる意外な本質が垣間見えてくる。時間という、一見平凡な競争環境を最大限活用するには、さまざまな競争相手の存在と入り乱れた関係に精一杯対処することで突然にヒントが閃き、新しき製品への開発につながるパターンなどは、データ処理だけでは満点とならない例外性が付きまとう楽しさもある。ときに感激し、ときに不甲斐なさを嘆く複雑な心境の中で、意識を鼓舞する開発者の姿が成功へと導いてくれる。こんなときこそ、開発者冥利といえる瞬間だろう。

もちろん、競争相手が存在しなかったら、のんびりと自分本位に怠惰で自由な生活を過ごすこともできる。その選択は、個々人に属するものであり、部外者には口出しできない。しかし、ビジネス活動となると、そんな自由さを望むことは一部の例外を除いてはほとんど不可能なことであり、むしろ、競争があるから関係者の知恵を総動員して生き残るための方策を追い求め、より良い製品を生み出そうと必死に取り組む冥利さもある。そこに、経営戦略や製品戦略、今流行りのマーケティング戦略から財務戦略などと、経営戦略用語が入り乱れ交錯し成果を追い求めていく。さらに、複雑系的にはカオスに始まり、創発だの自己組織化、新たに情報管理、人工知能などの用語が、張り巡らされた神経細胞のネット網のごとく、休むことなく四六時中策動し、しかも最大限の経営資源を投入し、背水の陣容で臨んでいる姿がやんわりと目に浮かんでくる。

現代のような先端的テクノロジーの時代は、極端に表現すれば情報の過密化に伴い地球上の住人すべてが潜在的で不可避的な競争相手であり、もはやこの渦から抜け出すことは不可能なシステムに組み込まれている、環境下にあると言えよう。枠組みを超えた開発環境がここまで進んでくると、生半可な気持ちでイノベーションなどと口にするのは、おこがましく感じられてしまう。

それにしても、人が難問に直面したときの心理状態の不可解さや揺れの大きさには、細心の配慮を持って対処しないと、後々で後悔するから油断は禁物だ。日常においても、人それぞれの心模様を推し量るのは簡単ではなく、ベースとなる喜怒哀楽、達成意欲あるいは名誉心や仕事に対する満足度など、さまざまなシーンが交錯するため、精神的な揺れへの影響が、複合的な関係を醸し出す。だからこそ、生半可な取り組みでは成果はおぼつかないのは目に見えているだけに、腰を据え要員確保と配置にも、細心の目配りと心配りが求められる。もちろん、意外性のある人材や職場の雰囲気なども、創造性発揮に何かと関係するだろう。いずれは、人特有の心理状態や人員配置など、ＡＩ知能のサポートにより模範解答に近づけられる時代が到来するのは必至である。どのように不安感を緩和してくれるパターンを実現できるのか、興味は尽きない。

一般的に、科学技術が進歩することで、日常生活も豊かになるのは当然なのだと、受け止めている人は少なくないだろう。確かに、枠組み全体における生活の質的レベルは大きく改善されているのは間違いなく、かつ実質的な満足度も改善されている事例は確実に増えている。しかし、さらに質的で心理的満足度の向上となると、簡単には評価は下せないもどかしさも隠せない。確かに、今は必要な情報が溢れ、好きな食べ物も自由に手に入り、趣味も娯楽もその気になれば欲望をとことん満たしてくれる時代でもある。空飛ぶ車が溢れその他の交通手段も整備されていくだろう。

それなのに、内心では何か物足りない不安や不満が付きまとう。この落差を解消できないとしたら、人間とは罪深い生き物として、とくに、欲望に対する限界を抑えきれない性癖は変わりそうにない。物質的満足度は満たされても、心理的な欲望やほかの人との競争意識など際限なく続く葛藤を抑えきれず、むしろ膨張してしまう悪癖から逃げ出せない。競争意識による精神的混乱が引き金になり、攪拌されてしまうからなのだろうか。

便利さの裏返しは高エネルギー社会への必然的な移行であり、それを満たすには、地球三個分の容量が必要だと言われるように、とくに先進国の浪費癖の大きさに驚かされる。その分、自然環境を汚染し破壊しているのだから、このまま見過ごすことは許されるはずはない。その苦肉の策として、人造の地球でも製造し乗り切るつもりなのだろうか。遠い将来そんな宿願が実現できれば、何も悩むこともなく現状のまま、平穏に過ごせるのかもしれない。もちろん、人類が存在している間に実現できるはずもなく、夢物語りに過ぎないのだけれど。そんなジョークは論外として、このままでは、地球環境に抵抗するのではなく順応し、現状以外の修正した生活スタイルを受け入れるしか、生き延びる手立ては見当たらない。

いくら知的動物とされている人類であっても、宇宙環境の中では小さな存在であり、近未来においては迷える生物にしか過ぎないことを忘れず、制約条件を弁(わきま)えながらできうる限り最善を尽くし、今後の実行動に備えなければ解決策には結びつくとは考えられない。あるいは、超弩級（どきゅう）の奇跡的発見により、人類否生物全体を安全な環境へと導いてくれるチャンスが、偶然にも訪れるときを待つのだろうか。

　現実に戻り、人は、地球上の生き物として、理想的な存在価値を何に求めたら、満足らしき答えが得られるのだろうか。いつの時代でも、時間が経過するパターンは変わりようがなくても、生物たる人やその集団は刻々と微妙に変化していく。その点で変化とは、基本的には何らかの違いを乗り越え、ランダムに足掛かりを拡大していくことを含意しているとも考えられる。毎日まったく同じことが繰り返されることはあり得ず、何らかの違いを無意識的に乗り切り、何事もなかったかのごとく物事は進展していく。しかも、そこには、生き残りをかけた競争関係を乗り切るための、避けられない厳しい宿命が待ち受けている。欲望こそ裏返せば競争関係であり、その連続性が改革ないしはイノベーションの源泉になっている。

　とりわけ、企業現場に関しては先行勝ち組のケースならともかくとして、後追いグループとなると予測不能な競争現場を何としても生き残るため、新手の味付けとなる競争というハードルを乗り越え、しゃにむに突き進むしか方法は考えられない。その新規のツールとなるのが、端的に言えば、いわゆる転換であり、しかも二番煎じではなく、パンチのきいた味付けが加わった新鮮な作品を提供することであり、最後は、エンドユーザーの厳しい評価を勝ち取ることで完結する。常に、その繰り返しの中で勝ち組になるのが理想形とされてきた。しかし、今や勝ち組とは環境優先の思想を基本とし、さらに将来へと持続する深い認識が、新たに求められるのは必至である。

物事は、変化への願望の強さと利害関係者間にギャップが生じたときに始まるのであって、相互利益原則の破綻や極端な排他主義などの動きに対して、時間の経過とともに外部圧力が強まり修正されていく傾向が見られる。ただし、ＡＩ化の促進は、基本的にはそれらの矛盾や方向性を素早く感知し、より安全な取引形態へと移行する傾向が強まるのは自然の流れである。しかし、イノベーションの罠ではないが、しゃにむに意外性を探し求めユーザーニーズを逆なでするような製品作りや経営姿勢は、ほとんど支持されなくなる。今後の情報化社会の進展は、むしろ情緒的価値観が重みを増し、安定性や信頼感、そしてゆとりある製品を求める意識が定着することは間違いない流れでもあるからだ。また、格差社会修正への不協和音を修正し、模範解答を求めハイテク化だけを満足することなく、人本来の自然回帰へ必然的に加速し進展する方向性を、前向きに掌握しインプットしておく必要がある。

なぜなら、しばらくの間は、先端的で異質性のものが強く求められるとしても、資本主義社会における、これまでの過剰な動向にいささか疲れが見え始め、成長一辺倒の流れに警戒心が強まっていること。そこに、自然環境破壊の進行が強烈なパンチとなり、ゆとりある社会形成や生活環境を求めるトレンドが強まっているのは、明らかな兆候変化に向かっている動きと考えられるからである。また、ハイテク化社会や通信情報に支配される社会的トレンドに変わり、個の尊重と主体性が先行する生活パターンをサポートできなかったら、受け入れられる可能性は否定されてしまう。同時に、ハイテク化と人工ロボットなどのサポートも受け余暇時間が生まれ、有効活用できる選択肢が増えることで、ゆとりある生活意識への関心が高まるのを、防ぐことが困難になるからである。

これらの動静を踏まえたかのように、作今の人生100年説を超え120年時代を若々しく生きられる時代が到来すると、主張している著者を紹介したい（『ライフスパン』デビッド・A・シンクレア著、マシュー・D・ラプラント著、梶山あゆみ訳、東洋経済新報社）。シンクレアは老化の原因と若返り方法研究の第一人者であり、ハーバード大学の遺伝学の教授を務めている。その中で注目するのは、老化の症状に影響する遺伝子ならすでに見つかっている。また、老化を防ぐシステムを制御する長寿遺伝子も突き止められている。そのおかげで、天然の化学物質や医薬品、あるいはテクノロジーを用いて老化を遅らせる道が開けた。しかし、老化の原因となる単一の遺伝子は発見されていない。その状況はこれからも変わらないだろう。なぜか。それは、私たちの遺伝子が老化を引き起こすために進化を遂げてきたのではないからである。さらに続けると、少し専門的になるけれど、若さ―DNAの損傷―ゲノムの不安定化―DNAのまきつきと遺伝子調節（つまりエピゲノム）の混乱―細胞のアイデンティティの喪失―細胞の老化―病気―死、としている。このように、この分野での研究は相当に進んでおり、人類の長寿化の可能性は現実味を帯びてきていることが、詳細な事例をもとに紹介されている。このような進歩の実態と説得力には驚かされると同時に、今後に大いなる可能性が感じ取れる。この動きは、健康経営への序曲として、まずは位置付けすることができるだろう。

さらに、こんな見解にも目が離せない。ヒト生物学の進展は前例がないほど加速している。

未来に目を向ければ、健康を定義し、スクリーニングし、操作できるまったく新しい方法や、細胞、細菌、食事、ヒトの脳に関する完全に新しいアイデアや、赤ちゃんの生まれ方に関するいくつものアイデアが、もうすぐそこまで近づいている。ヒト生物学は今、事実上、あらゆる側面で大変革期を迎えており、私たちはその最先端に立っている（『人体の全貌を知れ』ダニエル・Ｍ・デイヴィス著、久保尚子訳、亜紀書房）と、実に刺激的な著作であると同時に、驚くのは章立て以外には本文しかなく、しかもページ全体に活字が印刷されているという紙資源活用配慮など、個人的にはこれまで記憶のないユニークな構成の書物であるのが、何とも印象的である。

さらに、健康や医療の高度化などに関する重要な視点として、微生物・細菌そして細胞の働きに注目しなければならない。生物もしくは物体そのものも微生物の働きで存在している事実を認識しておく必要がある。とくに、人体には１００兆もの微生物が棲みついていると言われているように、体内での活動は微生物を無視して考えることはできず、むしろ支配されていると考えるのが正しいことに行き着く。つまり、健康や生命活動を維持できるのは微生物のおかげであること。また、あらゆる生き物は、微生物の共同体として生き、その恩恵をうけて生活している。それから考えると、このたびのコロナ禍のケースからしても、微生物のほうが人間よりはるかに高度な進化を遂げており、もしも、人類が滅びても微生物は生き残れるという。人類が地球の支配者と勘違いしてきた理解は否定され、これまでも将来においても、微生物であるとの実態を覆す要件は見当たらないことになる。むしろ、その力の偉大さを冷静に受け止める必要性に迫られる。そんな研究が高度な分析機器の開発により、また各種の側面から詳細に成果が得られ裏付けされているのは心強い。たとえば、被害が拡大しているプラスチックチップの処分や、空気中から新たな薬品や食品、また建築資材の開発などに微生物の力を借りる等々、想像を超えた可能性の輪が広がっていくという。そんな微生物の存在と働きに、改めて驚かされむしろ期待は高まるばかりである。

そして現実論に立ち返ると、食料品の生産に欠かせない視点として急浮上している、自然環境保全と健康経営モデルとして欠かせない要件である「農業経営」について取り上げておきたい。そのポイントとは、人は土に育まれ土に還っていく存在であるにもかかわらず、土地の有限性を理解しないまま無謀な開発を優先させてきたため、もはや新たに開拓する土地も森林もなくなるほど、荒廃と疲弊をもたらす失態を犯してしまった。自然との需要と供給のバランスが崩れれば、自動的に抑制機能が作用するのは困難な人間社会の難しさが、ここに見え隠れしている。とりわけ、大事な食糧確保の原点である土地活用を中心にした、農業の生産現場において如実に展開されてきた重さがある。

そのことは、人類が有史以来食料を確保するため、幾多の歴史的変転を繰り返してきた過酷で苦難な道のりがある。その栄枯盛衰の姿から、古くは、ギリシャや古代ローマ時代など多くの文明が交代を余儀なくされてきた歴史が教えてくれている。また、近年では、大国のアメリカや旧ソビエト連邦などに関しても、農業政策を巡る失敗が土壌の大規模な流失や廃棄を繰り返し、正しい解決策を見出せないまま先送りさせてきた経緯が示している。その根底には、土壌の生態系に関する理解欠如と、拡大競争に明け暮れ展開されてきた過大な付けが累積され、もはや健康農業を営むことができないほどの、自然環境悪化を招いてしまった現状を冷静に受け止めざるを得ないまでの、苦境に直面していることである。

そんな重大な変化の元をただせば、資本主義モデルに習い、技術革新と大規模化による大量生産と大量販売によるコスト削減方式こそ、農業経営においても最善のパターンであると信じ採用してきた経緯を見過ごすことはできない。不幸なことに、同様のシステムが、農業経営の現場にも持ち込まれ、耕作機械やトラクターの導入などによる大規模化、農地の掘り返しと農薬の散布、害虫の駆除などいわゆる大量生産収益を目指す工場式農業として導入され状況を悪化してしまった。

長い間、農地を耕すことが最善の方式と考えられてきた積み重ねが、逆に大事な土壌を疲弊させ大切な樹木を無計画に伐採し、結果的に貴重な表土を流出させる最悪の事態をひたすら見過ごし、その分、化学肥料や農薬などでカバーしてきた長い歴史のプロセスが、反省点としてずっしりと頭を覆ってくる。そして、苦し紛れに遺伝子組み換え農産物の大量生産などを推し進め、自己利益優先による短期的な体面を保持してきたパターンが、完全に裏目に出ている現状が物語っている。しかし、その危機感が明白になるにつれ、新たな農業改革への必然的な認識となり、意欲的農業者による機運が広がっているのは、強い危機感への裏返しでもある。

ともかく、大事なことは、長い間、農地の起耕が繰り返され結果として裸にされてきた台地は、土壌が必要とする循環機能を放棄していることに気づかされたことである。本来の土壌は樹木や無数の植栽により覆われ、空間から窒素や炭素が補給され、土壌が仲介役になり多数の細菌や微生物などの働きにより、菌根菌の働きを活発にすることで、健康で豊かな地中活動が推進される。その土壌から生産される農産物は、栄養分に富み、美味しい野菜の栽培へと導いてくれるはずであった。しかし、現実は長い間この作用を誤認し農産物の質よりも生産量を追い求め、目先の機械化による耕作地の掘り返しと、農薬にまみれた野菜が市場に溢れるパターンが正当化され、当然のごとく促進されてきた。とくに、形式化され規制に守られ、国の関与と独占的な大規模農家、化学肥料企業や種苗企業などの主導的存在も見落とすことはできない。

しかし、今やこれらの負の遺産を清算し、本来の大地の機能性と役割、あるべき姿の重要性を認識した「自然農法」へと立ち返らざるを得ない、必然性に気づいた動きが拡大している。もちろん、アメリカでも南北戦争の頃から疑問視され、部分的な取り組みが始まっていたという。しかも、広大な耕作地の持ち主の多くは連作を繰り返し、量的栽培をひたすら続けているという。むしろ、交付金という国の政策を活用し、大規模経営者有利な安全パイ的経営を維持しているケースが多いというから転換は容易ではない。大が小を呑み込み混乱させてしまうどこの世界にも見られるパターンが浸透している。さらに、農業という立ち位置に甘んじて、利用者のためではなく自己利益を優先させる無責任な現実には、虚しさを禁じ得ないものがある。

しかし、最早その方式も綻びが生じ、さらに、自然環境汚染との深い関わりが明らかにされたことで、農業の立ち位置が逆転し非難の前面に押し出され始めている。そのため、拡大一方と受け止められていた遺伝子組み換え農産物の減産や、不起耕をベースにした自然農法に取り組むケースが、増えているというから捨てたものではない。そんなケースとして、アメリカで2400万平米もの農場を所有し大規模農業経営を営んでいる（『土を育てる』ゲイブ・ブラウン著、服部雄一郎訳、NHK出版）事例を参考にして、自然農法の核心にふれてみたい。まず土の健康に欠かせない5つの原則とは、

第一の原則：土をかき乱さない（土を機械的、化学的、物理的になるべくかき乱さない）
第二の原則：土を覆う（土はつねに覆う）
第三の原則：多様性を高める（植物と動物の多様性を確保する）
第四の原則：土のなかに生きた根を保つ（年間を通じ、土のなかにできるだけ長く生きた根を保つ）
第五の原則：動物を組み込む（自然は動物なしでは成り立たない）

と述べている。この視点こそ、著者が農業経営の失敗を重ねた末にたどりついた、自然農法を実践し成功を収めた大原則だとしている。まさに、土壌を育てることこそ、農業経営の基本であり自然が求めているベースであることを力説している。つまり､旧来から続けられている､土壌は耕作することで大事な表面が衰退し、栄養分が破棄されてしまうという基本的要件の欠如を指摘している。そのため、化学肥料や農薬、殺虫剤などでカバーし、無理やり辻褄合わせが繰り返されてきたのだという。著者はその弱点と不合理性に気づき、常に土を覆い多様性を

高め、微生物の活動を活発にし、家畜の力も活用し豊かな土壌を育てることに着目した（個人的な経験として振り返ってみると、子どものころから、土地を耕すことこそが最善の農作業だと信じてきた過ちに、目を覚まされた思いがする）。土は樹木や草木に覆われ、不起耕栽培こそ最善の手段であることにたどり着き、実践することで成果を上げているというから、拍手喝采である。それでも、国土の広いアメリカでは、起耕栽培農地が地平線まで続き、連作のため年の半分は裸のまま放り出されている地域があるというからスケールが違う。

このケースから教えられるのは、土壌の健康を保ち、栄養価が高く美味しい農産物が得られる不起耕による自然農法こそ、まさに、人類が本来求めてきた土壌本位的手法であり、理想的な方向性と模範解答であること。同時に、その延長線上にある炭素や酸素、そして窒素など適切な配分により気候変動対策にも繋がり、自然環境改善への近道であることを教えてくれている。さらに、地球のグリーン化を森の緑が支え、炭素の排出を抑えてくれる、願ってもない重要な役割が期待できる。これらの事例からも、あるべき農業形態への転換を前向きに推し進めなければならない、絶好の機会と捉え、官民挙げて意欲的に推進したいものだ。これまでの動向は、人類にとって歴史的な誤謬であったと受け止めたい。

このように、農業活動こそ健康経営を推進する強力なツールとして、否が応でも推進しなければならない時が巡ってきていることを、強く認識させられる。今後の、人類の生きざまに関する最大のテーマであり、その成果が、自然環境復活へのカギを握っていることを認めざるを得ない実態には、強烈な説得力が伴う。モントゴメリー（１０８ページ参照）によれば、現代の農業と医療——人間の健康と福祉にとって重要な応用化学の二大領域——の中心にある慣行は多くは完全に道を誤っている。私たちは、植物と人間の健康を下支えする微生物群集と、どう戦うのかではなく、どう協力するかを知る必要がある。農業においては、土壌をその本来の在り方、つまり生きているすべての生命の基礎として扱うということだ、と述べている点は強い説得力がある。

以上の諸点は、今後に大いに期待が膨らむ動向であり、その延長線上には、企業経営も農業経営も、そしてハイテク医療も従来の規模拡大的な受け止め方を転換し、むしろ、自然のサイクルと健康重視による楽しく充実した働く時間の延長という視点を取り込む流れを、進めざるを得なくなる重点的視点であると捉えている。そして、これらの方向転換こそ「健康経営序曲」と呼ぶのが相応しいのではないか。人類が健全な方向性を追い求め、活力ある社会生活を維持していくためには、全力で取り組み実現しなければならない、直近の最重要課題だと信じたい。

さらに、当面する関連的な視点として、健康経営とは、これまで長い間、積み上げられてきた経営形態に、新たな方向性を加味するチャンス到来と、戦略的なアプローチ転換が求められる。もちろん、ハイテク医療など医療体制への限りない願望は留まることを知らない。それでも、病状が回復する診断や個人別の対処方法などが前進し、健康寿命が延びていることが、さらなる願望となり希望観を膨らましてくれる。それに加え、これまで長期間にわたり認識されてきた、年齢を基準にして一律的な対応が最適だとする思考パターンが、通用しなくなるとの立場に立つ考え方でもある。長い間続けられてきた制度に楔を打ち込もうとする意味は、重大な変化を呼び起こす前兆なのだと解釈したい。

折も折、ＥＵは農業の脱炭素化を促すため、年内に炭素貯留農業（カーボンファーミング）の法制化に入ると報ぜられた。これまで食料供給を優先し、農業は温暖化ガスの対象外としてきた。しかし、２０５０年に実質ゼロ目標達成に向け、26年以降、農地や森林などの土地利用について加盟国別に排出削減目標を設定するとしている。さすがにＥＵは、多くの事柄が先進的であり世界のリード役を担うケースが多く見られる。世界的にこの流れを強力に推進しなければならない時を迎えている。人類に課せられた責任と使命でもあるのだから。

振り返って、これらの知見と動向を受け入れ、とくに経済活動におけるイノベーションを引き起こす主体を、「長寿社会」における働き方改革に敷衍したアプローチと捉えたい。世界的な経済運営は、長い間、資本主義体制をベースにして進められてきたため、ひたすら業務の効率化と規模拡大から大量消費を追い求める自由競争時代のパターンが持続され、その余韻としてシステム化とパターンが持続的に推進されてきた。それを支える組織体制あるいは人的構成は、年齢による区分スタイルをベースにして、効率化を追い求めてきた経緯がある。そのベースにあるのは、あくまで年齢の積み重ねによる知識ストックと能力発揮こそ、最善の方法論であると解釈され、その基本である人事制度や人材育成の歴史的経緯とプログラム化が促進され、多くの企業がこぞって採用してきた流れとして容認してきた。

しかし、近年、急速に進展している医療技術の高度化やバイオ医薬品の開発、科学技術の進歩と研究成果の累積、加えて、デジタル化とＡＩロボットなど強力な援軍が現れ、社会的仕組みが大きく変化していることに並行し、確かな要因となり浮上してきている。しかも、部分的には、その潮流に沿った態勢がすでに採用され始めている現実を踏まえ、一層期待が高まっている。そして、新たに、年齢区分だけで捉えるのではなく、健康年齢をベースにした考え方が、注目され始めている。この方向性は、従来の年齢を基準にした分類ではなく、個人対応の健康をベースにした勤務体系が可能になることにある。つまり、年齢基準から健康年齢基準に移行することを意味している。この制度への変更により、健康年齢基準の採用が加速され、その分就労期間が長くなる可能性が、連鎖的に引き起こされる。やがて社会全体の就労にも波及的効果が生まれ、働くことの意味や視界が広がり、可能性の枠組みと多様性が拡大していくはずである。また、デジタル化時代に相応した特性となり、将来的に歓迎すべき動向であることは間違いないだろう。

その先には、とくに、企業経営におけるかつての終身雇用や年功序列をベースにした労働環境が必然的に見直され、適時能力中心の新たな人事制度への移行も速やかに整備され、次第に働くことの意味も複合的になり、融合化や弾力化の輪が広がる可能性が高い。また、長寿化に付随して、勤務年数が延長できることで、働く意味合いに変化が生ずる。つまり、働くことの意識パターンそのものが変化し、多様な活動への夢が広がる可能性を示唆している。何回も転職して働くことも容易になり、必然的にチャンスが増し意識が多様化する可能性が高くなる。一方で、ＡＩ化やデジタル化という強力なツールが支えとなり、労働時間も短縮されながら内実は質的に向上し、必然的に働き方改革の進展もスピードアップされるパターンが、浮き彫りになる。

もちろん、その基本は健康で長生きできることと、多様な生き方や働き方、好きな仕事に生涯楽しめる、社会形成を目指すことにある。並行して、地球環境保全が優先され他者利益意識の下に、イノベーション・進化の意識が根付き、深めることを可能にするだろう。そのためには、ある程度、健康寿命を予測できる社会環境の下に、先行的な健康管理が徹底されることが必要だ。並行的に、個々人が最大限の能力を発揮できる環境整備態勢が欠かせなくなる。全体的には、人生を謳歌できる環境が促進される意味合いも含まれる。もちろん、常に自然環境との一体化、否、自然との調和を最優先させることの必然性を忘れることはできない。

そのための健康維持とは、どんなものを食べたらよいのか、腸内環境や皮膚表面にどのような微生物層を維持すればよいか。可能な限り長生きするにはどんな療法が最適かといった詳細なども、個々のDNA等から測定できるようになり、同時に医療研究の進展や医療制度への信頼度は格段に向上するはずである。必然的に、個人単位による明るい未来に向けた課題が克服され、個人の内面的充実なども加わり、日常生活安定への期待が高まるであろう。まずは、健康であること。

これまで、人類は、産業活動が活発になればなるほど、イノベーションの質も中身を大きく変貌させてきた歴史的経緯がある。国内でも、明治維新による資本主義体制への移行や第二次大戦における敗戦からの驚異的な復活など、ダイナミックな変遷の歴史を体験してきた貴重な遺産がある。もちろん、それを支える科学や教育と文化、生活水準の向上などにかかわる限りなき願望を満たすため、絶えることのない各種の紛争や企業間の競争につぐ競争など、膨大なエネルギーを投入し工夫や改革が繰り返されてきた。しかも、人生と同様に同じところに留まれない時間的制約という宿命を背負い、新たな世界観を構築するため試行錯誤や楽しみを共有しつつ、ひたすら前進してきたはずなのに、その間に各種の弊害が上積みされすぎ、その圧力で断崖から突き落とされそうな不安に直面することが多くなっている。

今や、企業活動は日々挑戦し企業間競争に明け暮れてきたパターンから、人本主義的な方向に舵を切り替え、一人でも多くの人が健康で前向きな取り組みができるシステムづくりと、個性尊重や全員参画による能力発揮が可能になってきた意義は、人類の行く末にとって大きなプラス価値となり、さらに集積されていくことを信じたい。これまでの、競争やイノベーション先行型から、個々人が活発で骨太な活躍が可能となり、確かな裏付けを獲得し進化できる環境変化は、掛け替えのないものである。また、一人でも多くの人が満足感を感じられる環境づくりこそ、本来的で理想的な到達点としなければならないからだ。

ただし、違いがあることが、変化を生み出す原動力であるとの観点を受け入れるならば、全員が満足であり幸せを願うとの論点は、矛盾点を抱えたまま平等を目指す行為と受け止められかねない難しさも捨てきれない。すると、意欲的で行動派の人からすれば到底受け入れられるはずもなく、これまでの長い間の経緯から推測すると調整困難になることが予測される。しかし、自然環境汚染や再生困難な地球資源の枯渇など深刻な課題に直面している現状を踏まえた場合、意識転換はもはや遅きに失した状況でもある。ともあれ、最終的には、生物・ヒト・植物などとの生きざまと心の豊かさとゆとりを向上させることを前面に打ち出し実行に移すしか、今後の確かな方向性は見えてこない。仮に、企業活動の原点は利益の拡大と大規模化などによる組織維持が目標だったとしても、状況変化がもたらすものは、自然環境維持と再生可能なエネルギーの確保をベースにし、人間尊重最優先の立場へと転換を促す絶好のチャンスを迎えているのだと、むしろ意識的・楽観的に捉えたい。

もちろん、ここでの趣旨は企業活動の改革が頓挫するのではなく、地球環境保全という命題を持続させ、その中で命をつないでいる人類が、以前よりも少しでも健康で精神的満足のいく生活を送りたいという、究極の願望に応えることにある。健康経営とは、これらの願望を実現でき身近で切実な事態の転換につながる一歩なのだと、心に刻み付けたい。もちろん、今後の中心テーマでもある、自然農法の推進により健康への無意識的サポートもプラスされるはずである。まさに、自然環境サイクルに立ち返ることの重要性を再認識する、重要な転換点でもあるのだから。

再度ここまでの流れを確認すると、医療技術のハイテク化と絶え間なきイノベーションの成果、それに加えて親からの良好な遺伝子を受け継いでいたとしても、日々の生活管理がきちんと対処できなければ、良好な健康を維持できるものではない。遺伝子による優位性は25%程度レベルと言われており、後は自助努力と医療研究による先端性に待つしか手段はないらしい。ともかく、贅沢三昧や自堕落に暴飲暴食したのでは長生きできるはずもない。心身ともに健康を維持するには、並行して持続的な自己管理が欠かせないのは、基本的には何ら変わることはない。もちろん、ここで再確認したいことは、健康寿命を延期できたとしても、全員が同じように120歳まで生きられるわけではなく、個々に違いがあることは厳然たる事実なのだから。

しかし、個の違いを前提にして働く環境とは、従来の年齢区分をベースにした社員構成ではなく、健康な人は年齢に関係なく長期間働くことができる、いわゆる混在型のパターンに移行すること。年齢区分よりも健康区分に変わる点がポイントであり、そんな環境変化を正しく理解する必要がある。人類は、有史以来年功序列型重視の生活パターンに、慣れ親しんできた経緯がある。経験年数がキャリアを積み上げる、常識的判断が基本とされてきた。それだけに、しばらくの間、新たな形に移行することになじめず異論が出ることが予測される。それらのギャップをどのように受け止め対処していくのか。また、その意識が定着するまでには、時間的慣れが必要なのは避けられず、しばらくは変化対応の苦しみが続くだろう。

健康寿命が長い人は年齢に関係なく働き、健康を維持困難な人は後方での得意分野でサポートする関係が自然に形成される。あるいは、短期間に成果を上げる人と、長期間働くことができる人との勤務パターンが認知される。別な見方をすれば、絶えず知的能力を磨き続けられデジタル化時代を乗り切れる人は、年齢に関係なくリーダー的存在になり、そんな努力が苦手な人は、自己判断による社会的貢献につながる職務や家庭重視型などの傾向が強くなることが考えられる。さらに、勤務期間の延長や転職の回数が増加する傾向性も強まるだろう。つまり、自分の信念で自由に職業選択が尊重されることを意味している。

ただし、勤務体系も多様化し賃金体系も異なり、年齢に関係なく得意分野での業務遂行能力評価となるため、定期異動などの考え方も変わってくる。ただ、定期異動は、対人関係の変化や複数の業務を経験することで、人材育成が容易になるプラス面も無視できない。しかし、それも、時代の変化とＡＩ時代における個の特性を伸ばす方法論としては、自主選択形に変化していくことが予測される。そんな前提の中で、イノベーションを推進するには、持ち味が異なる人々をどう組み合わせられるかにより、成果は格段に違ってくるのは必然である。また、入社も退社も自由な体制を活用するには、選択企業の職務内容や注目点などさまざまな角度から分析し、将来そのキャリアを生かすことができれば、相乗効果がさらに期待できる。かの天才ニュートンも当時としては84歳と長寿であり、数学や物理、そして神学などの研究実績もあるのに、さらに、錬金術の研究やイギリスの造幣局長まで務めるなど、広い分野で活躍できたのは、長命であったのが大きな要因と言えるだろう。

このように、転職があまり評価されなかった時代からようやく解放され、むしろ、好きな分野を何回か経験することで得意な分野に対する自信が増し、新たな発見と自己充実と社会的貢献へと結びついていく。しかも、健康寿命が延びることで、より広い知識の習得や興味ある分野へのかかわりなど、働く期間が延長され成果を得られるという、新たな時代への期待感がさらに高まっていく。

そのためには、やはり、健康に対する細かな心遣いは不可欠であり、食物からの栄養摂取の方法論や生産過程、さらに加工過程における添加物規制など議論が沸騰するのは避けられない。もちろん、企業組織の存続や発展性なども、重要な要素であることは言うまでもないとしても、進化を支えるものとは、最後は社会的貢献につながる実態行動であり、そのプロセスや成果が重要な意味を帯びてくる。社会的に認知された生産過程と使用原材料、有効期間や健康被害と消費期間など細部にまで神経を行き届かせ、健康配慮に関する高度な配慮と一体化は避けられない。また、社会的有用性や高度なデジタル化社会に対応できるよう、綿密な配慮が求められる。

同時に、地球のエコシステムを棄損させているのは、人の意識や行動に機縁する要因が多いだけに、その根元をしっかり見極め対処できる態勢づくりが欠かせない。すると、野菜類の育て方が自然農法によるものなのか、遺伝子組み換え野菜は、将来的には廃棄に向かうのか。またデジタル栽培が進んでも自然の土地力を生かした、自然栽培農法に任せるのか。また、魚介類も養殖物が増加していても、栄養面や供給量も保証できるのかなど。対応施策は限りなく変転していくものと考えられる。

また、森林の保護管理など自然重視の姿勢をどこまで貫徹し、全体的認識を貫きとおせるのか。これらの課題は山積しているだけに、模範解答を得るのは容易ではないが、改革を進行させることで、大事な自然回帰へのサイクルも自ずと高まることを確信したい。いまや自然環境優位の行動体系こそ、変革への基本プロセスであり生命線でもあるからだ。そこには、土壌と森林や植生の復活を最優先に位置づけした、健康農業の主要命題であり、人類に与えられた最大の使命と責務として推進しなければならない。実現にはかなりの時間を要するだろうが、人類はこの世のあらゆる生物に対して、これまでの数々の不明を詫びなければならない、使命と役割が課せられているからだ。

さらに、今後の健康経営の進展は、国際的な自然農法への回帰と浸透速度が深くかかわってくる。その進捗状況と並行して、経済産業活動の今後の方向性も自ずと決まり、同時に日常生活へのかかわり方など、新たな局面への導火線となり、意義深い時代への幕開けになるのは明らかである。もちろん、その他重要な課題として、地球のグリーン化への回帰に欠かせない多数の懸案事項への取り組みなど、山積している多くの関連テーマも見落とすことはできないが、さらなる迅速な推進力に待ちたい。

最後に、ヒトの持つ情緒的な対応や対人的な葛藤問題などの困難さこそ、人工知能時代を乗り切る最難関のテーマであり続けるだけに、どう対処できるのか、この限界的な可能性に込められた期待感は、遠い将来までつきることはないだろう。また、長寿社会における生きざまが、今後の社会形成全体に及ぼす諸課題と、どのように向き合い実現していくのか、果てしなく夢は広がっていく。これら事態の大胆な進化パターンを成功裡に導くためには、より自由な発想と特異性に裏付けられた知的好奇心をベースにした、斬新で機知溢れる進化に期待したいものだ。また、未来につながる発想転換と自然環境崇拝と維持、並びに全生物のためのヒトによる大変革こそ、必然的にして抜本的テーマであり、着実に推進しなければならない責務であると強く信じたい。

地球の安寧と生物の未来に永遠の幸あれ。

おわりに

長いこと経済や経営関係のことばかりに気を取られてきたものの、気が付いてみればこれだけ気候変動や思いもつかない数々のアクシデントに直面すると、これまでの常識が通用しなくなっている現実の厳しさが身に染みて不安が拡大するばかり。まだ大丈夫だと他人事のように受け止めていた事態が、連鎖的に絡み合い日ごとに悪化している印象が拭えない。もはや、自然に関連する自己本位の甘えは許されない現実に目を覚まされ、可能な限り、改善のための努力を急がなければならない思いが募ってくる。これだけ科学技術が進展しても、自然環境という制約のある籠の中でしか生活できない生物、とりわけ人類にとっては、必死にもがいてみても宿命的な圧力から逃れる術は限られてしまう。むしろ、時間とともに厳しさが増すばかりであり、迅速な修正を余儀なくされている現実から逃れる手段は限られてしまう。

そんな厳しさに少しでも対応するには、微力であっても個々人の意識改革が求められると同時に、日常的な対応策を実行に移さなければならない。エネルギーの無駄遣いや河川の汚染、生ゴミの処理や廃棄物の対処方法など身近な課題が多々浮かんでくる。さらに、とりわけ日用品売り場で使われている、プラスチック製の容器やポリ袋など欠くことができないことは理解できても、その量の膨大さには唖然とさせられる。植物由来の製品に転換しなかったら、原料補給や環境維持は限界であることが身に染みてくる。今こそ、大量生産と消費の悪弊を断ち切るチャンスが到来していると言えよう。そして、大事なことは、地球の自然と緑を蘇らせる重要な要素として、土壌の蘇生を挙げなければならない。農業の不起耕化という重大な対処策の必要性が現実化しているからである。人類が有史以来続けられてきた農法に疑問符が灯され、自然環境汚染に対する影響力の大きさから、リップサービスではなく積極的に取り組まざるを得なくなっている現実の流れが、否が応でも注目を集め逃避できなくなっている実態がある。

さらに、これまで進化ばかりに気を取られてきた傾向に対して、必要性や中身も問われ始めており、ときには留まり質的もしくは転嫁の時代的要請を緩やかに読み取り、自然環境優先の流れを優先させなければならない。いくら通信情報手段が高度化されても、ヒトの持つ情緒性を踏みにじってまで前進することは歓迎されるはずもなく、意識の民主化や平等感の熟成を伴った、緩やかなる発展こそ求められているのであって、そこには、多様性と自律性を尊重し、可能な限り足並みを揃える方向性こそ理想ではないだろうか。

この原稿の大半がパソコン上から消えてしまうという、初めてのトラブルに見舞われながら、何とか幕引きまで漕ぎつけほっとしています。パソコンのバージョンアップに追いつけない一例だろうか。

最後に、出版の機会を与えてくださった、日本地域社会研究所の落合社長とスタッフの皆さんに謝意を表します。

２０２３年５月

野澤宗二郎

著者紹介

野澤 宗二郎（のざわ・しゅうじろう）

企業研修講座開発や講師を務め、その後、大学・大学院で経営経済関連の教育に携わる。著書に『経営管理のエッセンス』（学文社）、『複雑性マネジメントとイノベーション』『スマート経営のすすめ』『次代を拓く！　エコビジネスモデル』『共生の経営マインド』（以上、日本地域社会研究所）、共著に『販売促進策』（日本法令）などがある。

健康経営シフト（けんこうけいえい）

2023年 8月 28日　第1刷発行

著　者　野澤宗二郎（のざわしゅうじろう）
発行者　落合英秋
発行所　株式会社 日本地域社会研究所
〒 167-0043　東京都杉並区上荻 1-25-1
TEL　(03) 5397-1231（代表）
FAX　(03) 5397-1237
メールアドレス　tps@n-chiken.com
ホームページ　http://www.n-chiken.com
郵便振替口座　00150-1-41143
印刷所　中央精版印刷株式会社

ISBN978-4-89022-304-6